Inge Röger-Lakenbrink

Das Therapiehunde-Team

Ein praktischer Wegweiser

KYNOS VERLAG

Konrad-Zuse-Straße 3 • D-54552 Nerdlen/Daun
Telefon: +49 (0) 6592 957389-0
Telefax: +49 (0) 6592 957389-20
www.kynos-verlag.de

4. Auflage 2010

Alle Fotos, soweit nicht anders angegeben, stammen von der Autorin

Gedruckt in Lettland

ISBN 978-3-938071-20-5

Mit dem Kauf dieses Buches unterstützen Sie die
Kynos Stiftung Hunde helfen Menschen.
www.kynos-stiftung.de

Inhaltsverzeichnis

Einleitung

Therapiehunde tragen keinen weißen Kittel, stellen keine Anforderungen und haben keine Erwartungshaltung. Sie nähern sich unvoreingenommen und akzeptieren jeden Menschen ohne Vorurteile. Sie schenken Vertrauen und sind auch vertrauenswürdig. Sie vermitteln Nähe, Sicherheit und Geborgenheit. Sie reagieren sensibel auf Stimmungen und Gefühle. Sie motivieren zum Leben.

Sie sind keine Wunderheiler. Sie sind kein Mittel zum Zweck. Sie sind kein Therapieersatz.

Sie sind zu schützen.

Therapiehunde sind die Begleiter von Menschen. Menschen, die sich und ihren Hund ausgebildet haben – zum »Therapiehunde-Team«. Gemeinsam unterstützen sie die therapeutische und pädagogische Arbeit von Fachkräften – ihr Wirkungskreis ist umfassend.

Der Einsatz eines »Therapiehunde-Teams« ist eine – noch – weit unterschätzte Ergänzung von pädagogischen und therapeutischen Maßnahmen in den unterschiedlichsten Institutionen und Einrichtungen.

Ein engagiertes und kompetentes »Therapiehunde-Team« sollte in Zukunft mehr Wertschätzung und einen höheren Bekanntheitsgrad erfahren – dieses Buch soll dazu beitragen!

Inge Röger-Lakenbrink

Anmerkung des Verlages: Weil Schreibweisen wie Besitzer/innen oder Ausbilder/innen auf Dauer zu schwerer Lesbarkeit des Textes führen, haben wir auf sie verzichtet. Wenn also von »dem Hundebesitzer« die Rede ist, so sind die Hundebesitzerinnen natürlich gleichermaßen gemeint!

Vorwort

Der Einsatz von Tieren in der Therapie hat eine lange Tradition. Bereits am Ende des 18. Jahrhunderts wurde versucht, Tiere für therapeutische Zwecke zu verwenden, aber erst seit Mitte des vorigen Jahrhunderts wurde dieser Möglichkeit der Therapie verstärktes Augenmerk geschenkt und die praktischen Erfahrungen vor allem in den USA, Australien und England durch wissenschaftliche Studien untermauert. In Europa, mit Ausnahme England, begann man vor etwa 20 Jahren mit dieser Form der Therapie.

Der Einsatz von Tieren erfolgt in drei verschiedenen Bereichen: in der tiergestützten Therapie, der tiergestützten Pädagogik und in Form von tiergestützten Fördermaßnahmen.

Unter tiergestützter Therapie versteht man alle Maßnahmen, bei denen durch den gezielten Einsatz eines Tieres positive Auswirkungen auf das Erleben und Verhalten von Menschen erzielt werden. Das gilt für körperliche wie für seelische Erkrankungen.

In der Heilpädagogik hat sich der Einsatz von Tieren bei verhaltensauffälligen Kindern, insbesondere bei hyperaktiven und autistischen Kindern, bewährt. Neben der Heilpädagogik haben sich auch günstige Effekte in der normalen Pädagogik gezeigt, in der Salutogenese, der Erhaltung der Gesundheit, spielt der Kontakt mit Tieren eine bedeutende Rolle. Die positiven Einflüsse von Haustieren auf die Gesundheit des Menschen werden in mehreren Studien belegt, wobei auch die Einsparungen an Sozialausgaben teilweise quantifiziert werden. Die Verbesserung der Lebensqualität durch den Kontakt mit Tieren wird vor allem in der Betreuung von älteren Menschen verdeutlicht.

Das verantwortungsvolle tiergestützte Arbeiten verlangt eine fundierte Ausbildung der Teams in Theorie und Praxis. Es wird daher notwendig sein, einen eigenen Berufsstand zu bilden, wobei die Anforderungen an Ausbildung und Qualifikation geregelt werden müssen. Es wäre zu begrüßen, wenn dies nicht nur national, sondern in der Europäischen Union in harmonisierter Form erfolgte.

Es ist daher sehr zu begrüßen und der Autorin zu danken, dass in dem vorliegenden Buch eine umfassende Information über den gegenwärtigen Stand der Ausbildung und über die wünschenswerte Entwicklung dieser sehr effektiven Form der Therapie und Pädagogik vermittelt wird. Zum Nutzen der tiergestützten Aktivitäten wünsche ich dem Buch einen großen Erfolg.

Josef Leibetseder

Josef Leibetseder, em. Univ. Prof. Dr. Dr. h.c. mult. – vormals Rektor der Veterinärmedizinischen Universität Wien – ist Obmann des Vereins »Tiere als Therapie« (TAT) in Österreich und Präsident der »European Society for Animal Assisted Therapy« (ESAAT). Er hat sich in zahlreichen wissenschaftlichen Veröffentlichungen mit dem Thema »Tiergestützte Therapie« befasst.

1 Historische Entwicklung und Verwendung eines Therapiehundes

Die Anfänge

Soweit sich die Geschichte der Menschheit zurückverfolgen lässt, besteht eine enge Beziehung zwischen Mensch und Hund. Zwar wandelte sich die Rolle des Hundes im Laufe der Jahrtausende immer wieder, aber kein anderes Tier war in die Domestikation des Menschen und in die Weiterentwicklung des menschlichen Lebens so intensiv eingebunden wie der Hund.

Die enge Beziehung zwischen Mensch und Hund besteht seit Jahrtausenden – in der heutigen Zeit hat sich ein Hund für viele Kinder auch zum engen Sozialpartner entwickelt.

In der Mythologie einiger Urvölker finden sich zahlreiche Beispiele dafür, wie sie den Hund in ihren Vorstellungen durch unterschiedliche Erscheinungsbilder in ihren Glauben und ihre Kulthandlungen miteinbezogen.

Schon im Altertum, während der assyrisch-babylonischen Kultur und Religion im alten Orient, wurde die Göttin »Gula« als Göttin der Heilung verehrt – in der Gestalt eines Hundes. Aus Überlieferungen ist bekannt, dass diese Göttin sehr geachtet war und ihrem Abbild in Hundegestalt große Ehrfurcht entgegengebracht wurde.

In verschiedenen Religionsgemeinschaften, wie beispielsweise dem Hinduismus oder dem Buddhismus, entwickelten sich lange vor dem Christentum ethische Normen, die den Umgang mit Tieren im allgemeinen, so auch mit Hunden, ausdrücklich regelten. Ihre Sozialordnung gestaltete sich im Sinne des Wohlergehens der Tiere. Aber nicht überall auf der Welt schätzte man den Hund als Helfer und Begleiter des Menschen. Selbst in den christlichen Religionen spielten Tiere allgemein eine eher nebensächliche und untergeordnete Rolle – erst im 18. Jahrhundert wurden durch tierschutzähnliche Regelungen ihre Lebensbedingungen allmählich verbessert. In anderen Glaubensrichtungen, wie zum Beispiel dem Islam, hat der Hund in den ethisch-religiösen Normen auch heute noch einen niederen Stellenwert und wird verachtet. Im Laufe der Jahrhunderte entwickelte sich langsam eine Einstellung unter der Menschheit, dass »ein tier dem herze wol macht«, wie es der Lyriker und Minnesänger Walther von der Vogelweide um 1200 n. Chr. in einem seiner Texte formulierte. Die Verwendung als reines Nutztier – dem Jagdhelfer, der das Überleben sicherte – wandelte sich zunehmend in eine Rolle als Gefährte und Begleiter des Menschen, die über ein reine zweckgebundene Abhängigkeit hinaus ging. Vom reinen Arbeits- und Nutztier änderte sich seine Stellung vielerorts in ein beliebtes Statussymbol. Der Kontakt mit Hunden intensivierte sich für den Menschen in vielfältiger Beziehung – als therapeutische Begleiter wurden seine Qualitäten allerdings erst in der Mitte des vorigen Jahrhunderts verbreitet, ernsthaft wahrgenommen und ansatzweise auch wissenschaftlich belegt.

In Einzelfällen lassen sich bis ins 8. Jahrhundert die ersten konkreten therapeutischen Einsätze von Tieren im Umgang mit Behinderten zurückverfolgen. In belgischen Klöstern wurden geistig kranke Waisenkinder vor allem durch die Mithilfe von Hunden erfolgreich therapiert.

Aus dem 18. Jahrhundert ist aus England überliefert, dass Quäker eine Anstalt für Geisteskranke gründeten, das »York Retreat«, welches in seinen Außenanlagen die Möglichkeit anbot, verschiedene Kleintiere zu halten. Die Patienten wurden in die Betreuung und Versorgung der Tiere gezielt mit einbezogen.

Der therapeutische Nutzen von Tieren für den Heilungsprozess wurde im Bereich der Krankenpflege insbesondere von Florence Nightingale im 19. Jahrhundert erkannt, die sich als Reformerin der allgemeinen Krankenpflege stark engagierte.

Gegen Ende des 19. Jahrhunderts wurde erstmals in Deutschland eine unterstützende Therapie durch unterschiedliche Tierarten bei Epileptikern angewandt. In den Krankenanstalten von Bethel bei Bielefeld entwickelte sich ein beachtenswertes Engagement der Therapeuten – bis hin zum Einsatz einer Reittherapie.

In der darauffolgenden Zeit existierten einzelne Therapieprojekte relativ unbeachtet und ohne Öffentlichkeitswirkung in verschiedenen Teilen der Welt.

Die therapeutisch Aktiven in den unterschiedlichen Einrichtungen haben deren Bedeutung nicht erkannt – oder haben es schlichtweg versäumt, genauere Aufzeichnungen zu überliefern.

Erst seit etwa 1960 wurde der gezielte Einsatz von Hunden als therapeutische Helfer und Begleiter dokumentiert. Vor allem in England, Amerika und

Australien setzten sich Psychologen, Ärzte und Therapeuten mit dem Hund als Co-Therapeuten verstärkt auseinander und formulierten ihre Erkenntnisse aus der Praxis in unterschiedlichen Veröffentlichungen. Allen voran Boris M. Levinson, ein Kinderpsychologe aus New York, der seinen Hund auch in die eigene Praxis mitnahm und eher durch einen Zufall feststellte, welchen gravierenden Einfluss die Anwesenheit seines Golden Retrievers auf den Behandlungs- und Heilungsprozess der kleinen Patienten hatte.

1969 erschien sein richtungsweisendes Werk »Pet oriented Child-Psychiatry«, welches den therapeutischen Einsatz von Hunden im Bereich der Kinder- und Jugendpsychiatrie sowie der Psychotherapie beschrieb.

In einem seiner vielen Vorträge prognostizierte er vor über 30 Jahren, dass die Nachfrage und das Bedürfnis der Menschen nach einer Tier-Beziehung im Jahre 2000 zu einem »Tierverleihservice« führen würde – er ahnte es damals schon, wie intensiv sich die therapeutisch geprägte Mensch-Tier-Beziehung tatsächlich entwickeln würde.

In der folgenden Zeit, den siebziger Jahren, entstand in Amerika – parallel zu den Erkenntnissen von B. M. Levinson – eine Vereinigung, in der sich Tierärzte, Verhaltensforscher, Psychologen, Therapeuten und Mediziner, Sozialpädagogen und Gerontologen aus England und den Vereinigten Staaten mit der wissenschaftlichen Erforschung von positiven Effekten der Mensch-Tier-Beziehung befassten. Zwar gestaltete sich diese Entwicklung nicht unproblematisch, denn vielerorts existierten enorme Vorbehalte, und anhaltende Überzeugungskraft war notwendig, die nur durch den Erfolg von praktischen Einsätzen entkräftet werden konnten.

Es gründete sich 1977 in Portland/Oregon die Stiftung »Delta Society«, die mit ihrem sogenannten »Pet Partner Program« die tiergestützte (»pet-facilitated«) Therapie flächendeckend in den USA ins Leben rief. Innnerhalb kürzester Zeit arbeiteten Hunderte von »pet partner teams« mit den unterschiedlichsten Organisationen zusammen, die insbesondere Hunde als Co-Therapeuten einsetzten. Heute arbeiten diese Teams im ganzen Land anerkannt und erfolgreich – ständig weitergebildet und mit den neuesten Erkenntnissen ausgestattet, die insbesondere durch die wissenschaftlichen Forscherteams der »Delta Society« fortlaufend erarbeitet und aktualisiert werden.*

Während dieser Epoche warnten schon die ersten Stimmen vor einer Ausnutzung und Überforderung der Hunde – lediglich als Mittel zum Zweck benutzt, ohne Rücksichtsnahme auf ihre individuellen Bedürfnisse, sollten und durften die Helfer auf vier Pfoten nicht verschlissen werden! Es sollte allerdings noch einige Jahre dauern, bis auf nationaler und internationaler Ebene eine Problematisierung dieses Themas aktuell wurde und diesbezüglich klare Forderungen formuliert werden konnten.

* vgl. Delta Society, 2004: »What is animal-assisted therapy?«
Quelle für die Angaben zur historischen Entwicklung auf dieser Seite: Dr. Sylvia Greiffenhagen in *Tiere als Therapie*, Droemer Knaur Verlag, München 1991, S. 14-17 ff.

Die weitere Entwicklung

Im Jahre 1990 gründete sich der erste »Internationale Dachverband für die Erforschung der Mensch-Tier-Beziehung« – die »IAHAIO« (International Association of Human Animal Interaction Organisations) mit Sitz bei der Delta Society. Der Dachverband fördert weltweit den Austausch wissenschaftlicher Erkenntnisse und deren Weiterentwicklung.

In den darauffolgenden Jahren erschienen zahlreiche internationale Veröffentlichungen, die sich mit der Erforschung der therapeutischen Wirkung von Tieren im Allgemeinen – und Hunden im Besonderen – beschäftigten, was dazu führte, dass sich auch in den europäischen Ländern das Interesse am Einsatz von Therapiehunden stärker entwickelte.

Das Engagement einzelner Personen, die mit starkem Willen und viel Überzeugungskraft gegen harte Widerstände ankämpfen mussten, bewirkte eine zunehmend öffentliche Aufmerksamkeit, die dazu führte, dass sich erste kleinere Organisationen und Vereine bildeten. Die Mitglieder organisierten anfangs mit ihren Hunden vorwiegend Patientenbesuche in Altenheimen und Krankenhäusern, später auch in Schulen und Kindergärten.

So wurde 1983 in **England** beispielsweise die Wohlfahrtsorganisation »Pet as Therapy« von Lesley Scott-Ordish gegründet, welche die ersten »Pet Visiting Programms« organisierten.

In **Österreich** konstituierte sich nach vierjähriger Aufbauarbeit aufgrund der Initiative von Dr. Gerda Wittmann im Jahre 1991 der Verein »Tiere als Therapie« (TAT). In der **Schweiz** waren einige Einzelkämpfer zu dieser Zeit auch aktiv und unter der Leitung von Ursula Sissener, die sich von der »Delta Society« damals schon hatte ausbilden lassen, wurde 1992 – in Zusammenarbeit mit der SKG (»Schweizerische Kynologische Gesellschaft«) – ein gemeinsames Konzept erarbeitet. Die ersten Kurse für THTs wurden 1993 durchgeführt und 1994 wurde der »Verein Therapiehunde Schweiz« (VTHS) gegründet.

Auch in **Deutschland** entwickelten sich zeitlich parallel organisierte Vereinstätigkeiten, beispielsweise wurde schon 1987 durch die Initiatorin Dr. Brigitte von Rechenberg in Würzburg der Verein »Tiere helfen Menschen e.V.« begründet und 1988 durch PD Dr. Christian Große-Siestrup »Leben mit Tieren e.V.« in Berlin initiiert. Die ersten Einsätze wurden vor allem mit Therapiehunden durchgeführt.

Die verschiedenen Organisationen bewegten sich in ihrer Anfangszeit in einer schwierigen Situation – eine echte Pionierarbeit wurde gegen viele Widerstände von den engagierten Mitgliedern und ihren Hunden geleistet. Eine willkommene Unterstützung waren daher die wissenschaftlichen Forschungsergebnisse, die weltweit für Aufsehen sorgten. Während zunächst nur einzelne Ergebnisse die praktische Arbeit vor Ort förderten und unterstützten, so intensivierten sich die Tätigkeiten der Wissenschaftler auf verschiedenen Gebieten mit ständig neuen Erkenntnissen.

Es ist festzuhalten, dass zwar die Verbreitung dieser wissenschaftlichen Studien die erfolgreichen Einsätze von Therapiehunden untermauerten, aber es steht außer Frage, dass auch heute noch – in vielen unterschiedlichen Bereichen – die aktuelle Praxis der Theorie weit voraus ist!

Die gegenwärtige Entwicklung

Infolge der zunehmenden Präsenz von Hunden in der tiergestützten Therapie wurde einigen Aktiven langsam bewusst, dass eine halbwegs anerkannte Tätigkeit von Therapiehunde-Teams nur dann langfristig akzeptiert werden wird, wenn allgemein gültige Qualitätsstandards geschaffen werden. Insbesondere deshalb, weil die einzelnen Begriffe, wie beispielsweise »Therapiehund« oder »Therapiehunde-Team«, in den europäischen Ländern nicht geschützt sind. Damit ist jedweder Missbrauch der Begriffe und damit auch ein unqualifizierter Einsatz unkontrolliert möglich.

Um das Jahr 2000 herum ist eine wachsende Anzahl von Vereinen, Verbänden, Instituten und Akademien entstanden, deren Initiatoren alle sichtlich bemüht sind, Ausbildungskriterien, Schulungsformen und Prüfungsrichtlinien zu etablieren – eine halbwegs einheitliche Basis ist allerdings bisher nicht entstanden! Es besteht eine Szene aus vielfältigen kleinen Initiativen einzelner Gruppen, die sich zum Teil untereinander gar nicht kennen, geschweige denn miteinander kommunizieren.

Immerhin bemühen sich einige wenige Aktive unermüdlich, miteinander ins Gespräch zu kommen und allgemeine Strukturen zu finden. Leider besteht ein oftmals anzutreffendes Konkurrenzdenken, welches der Weiterentwicklung und Etablierung im Sinne einer anerkannten pädagogisch/therapeutischen Arbeit mit Hunden nicht dienlich ist!

Einige nationale und internationale Symposien haben mittlerweile dazu geführt, dass sich einerseits die Wissenschaftler und die Praktiker etwas näher gekommen sind und sich fachlich austauschen konnten, andererseits haben diese Veranstaltungen bewirkt, dass zumindest die Notwendigkeit von Netzwerken erkannt worden ist. So hatte beispielsweise das diesjährige internationale »TAT-Symposium 2006« in Wien das Thema »Networking« als Schwerpunkt.

Die erste Netzwerkgründung in Deutschland erfolgte im Jahre 2005 durch die Forschungsgruppe »TiPi« – Tiere in Pädagogik integrieren. Unter der Leitung von Dr. Klaus Fitting-Dahlmann gründeten einige engagierte Studenten an der heilpädagogischen Universität von Köln eine Gruppe, die sich mit wissenschaftlichen Fragestellungen zur Integration von Tieren in die Pädagogik befasst. Der wissenschaftliche Forschungsbereich beschäftigt sich mit dem Thema »Tiergestützte Förderpädagogik« – auch unter Einsatz und mit der Unterstützung von Hunden. Eine erste nationale Initiative, die eine tragfähige Konzeption entwickelt hat und beispielhaft für andere tiergestützte Einsatzbereiche sein kann.

Das notwendige Bedürfnis nach nationalem und internationalem Austausch führte in letzter Zeit auch zur Durchführung von ersten gezielten, landesübergreifenden Symposien.

Unter der Leitung des deutschen Forschungskreises »Heimtiere in der Gesellschaft« wurde im Jahre 2005 das 1. D.A.CH. Symposium von Fachleuten aus Deutschland, Österreich und der Schweiz organisiert, mit dem erklärten Ziel, »die horizontale kommunikative Vernetzung zwischen den wissenschaftlichen Institutionen« deutlich zu machen.

Ebenfalls im Jahre 2005 wurde erstmals ein europäischer Dachverband gegründet – die »European Society for Animal Assisted Therapy« (ESAAT), mit dem erklärten Ziel, eine Harmonisierung der Qualifikationsstandards in der tiergestützten Therapie innerhalb Europas zu erreichen. Gemeinsame Mindestanforderungen an Ausbildung und Kompetenz sollen zukünftig auch auf Brüsseler Ebene entsprechende Anerkennung finden.

Der Präsident von »ESAAT« ist der Obmann des österreichischen Vereins »Tiere als Therapie« (TAT), em. Univ. Prof. Dr. Dr. h. c. mult. Josef Leibetseder, der ehemalige Rektor der Veterinär Universität Wien, dem über sein nationales Engagement hinaus die Etablierung eines anerkannten Berufsstandes in der tiergestützten Arbeit sowohl in Österreich als auch in Europa allgemein ein großes Anliegen ist.

Da es unter den Gründungsmitgliedern aber inhaltliche Differenzen über verschiedene Aspekte gab – insbesondere der Qualitätssicherung von Ausbildungsstandards und deren struktureller Organisation und Umsetzung – spaltete sich ein Teil der Mitglieder ab. Es handelte sich dabei um Vertreter eines deutschen (Institut für soziales Lernen mit Tieren) und zwei schweizerischer Projekte (I.E.T. und GTTA). Sie konstituierten im Jahre 2006 eine eigenständige, internationale Organisation, die »International Association für Animal Assisted Therapy« (ISAAT).

Ob dieser spaltende Vorgang für die weitere Entwicklung allerdings von großem Nutzen ist, wird sich erst noch zeigen müssen!

Den nächsten Jahren kann jedenfalls mit Interesse entgegengeblickt werden – im Rückblick auf die vergangenen 25 Jahre hat sich ein enormer Quantensprung vollzogen, der in Europa dem Therapiehund, in seiner Bedeutung als Co-Therapeuten, zum endgültigen Durchbruch verholfen hat.

Seit 1991, als das erste deutschsprachige Standardwerk von Dr. Sylvia Greiffenhagen »Tiere als Therapie« veröffentlicht wurde, hat sich der Einsatz des Therapiehundes in vielfältigen Bereichen etabliert – aber leider nahezu unbemerkt von einer breiten Öffentlichkeit.

Die Organisationen und Vereine in den deutschsprachigen Ländern

Helga Widder ist Gründungsmitglied von »Tiere als Therapie« (TAT) und organisiert die Büroleitung – mit ihren beiden ausgebildeten Pulis (Ungarische Hütehunde) besucht sie regelmäßig die Bewohner eines Altenheimes in Wien.

In Österreich, der Schweiz und in Deutschland beschäftigen sich seit Anfang der achtziger Jahre Menschen mit ihren Hunden in unterschiedlichster Weise ehrenamtlich als »Therapiehunde-Teams« – mit stetig wachsendem Engagement.

Zunächst in kleineren Gruppen organisiert, erfolgten die Gründungen der ersten gemeinnützigen Vereine, Verbände und Interessengemeinschaften. Die Grundlage für die aktiven Einsätze waren die Richtlinien der »Delta Society«, an denen man sich weitestgehend orientierte.

Im Laufe der Zeit wurde den Vereinsvorständen allerdings deutlich, dass über die Koordinierung der praktischen Arbeit hinaus auch eine gewisse Form der Aus- und Weiterbildung gewährleistet werden musste. Die Entwicklung und Gestaltung dieser umfangreichen Qualifikationsgrundlagen stellte die Initiatoren vor neue Aufgaben. In den verschiedenen Ländern erarbeitete man auf unterschiedliche Art und Weise die Kriterien der Konzepte – die anfangs einheitlichen Maßstäbe entwickelten sich landesbezogen individuell und vor allem auch zeitversetzt.

Gleichzeitig waren die wenigen Wissenschaftler in diesen drei deutschsprachigen Ländern bemüht, auf ihrer speziellen Forschungsebene organisatorische Strukturen zu finden, die zum einen die praktische Arbeit der THTs unterstützen, zum anderen verwertbare und fundierte Erkenntnisse liefern sollten, um nicht zuletzt den tiergestützten Einsätzen in der öffentlichen Akzeptanz zu einem Durchbruch zu verhelfen.

Eine kurze Vorstellung der einzelnen Vereine, Verbände und Institute in den drei Ländern, deren Mitglieder und Akteure über langjährige Erfahrungen im Umgang, dem Einsatz und der Ausbildung von und mit THTs verfügen und deren Engagement die allgemeine Entwicklung maßgeblich vorangetrieben haben, finden Sie im Anhang unter Kontaktadressen ab Seite 142.

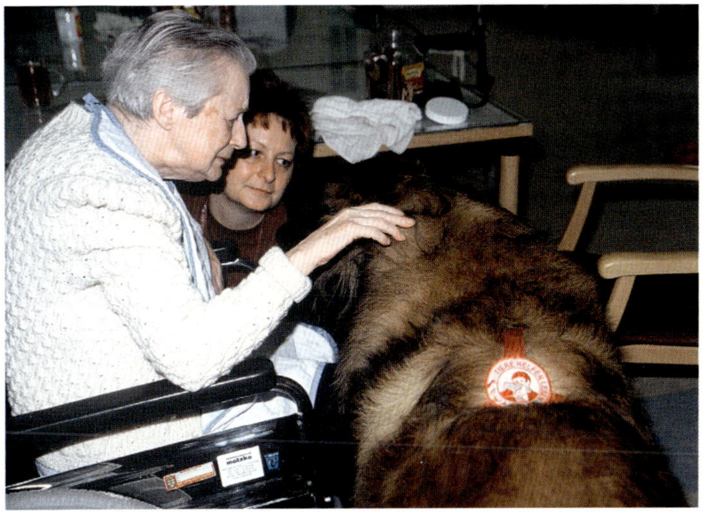

Susanna Haitzer ist Obfrau des Vereins von »Tiere helfen Leben« (THL) und leistet mit ihrem Therapiehund unterschiedliche Einsätze in mehreren sozialen Einrichtungen.

In Österreich:

- »Tiere als Therapie« (TAT)
- »Tiere helfen Leben e. V.« (THL)
- »SVÖ – Österreichischer Verein für Deutsche Schäferhunde«
- »Institut für Interdisziplinäre Erforschung der Mensch-Tier-Beziehung« (IEMT)

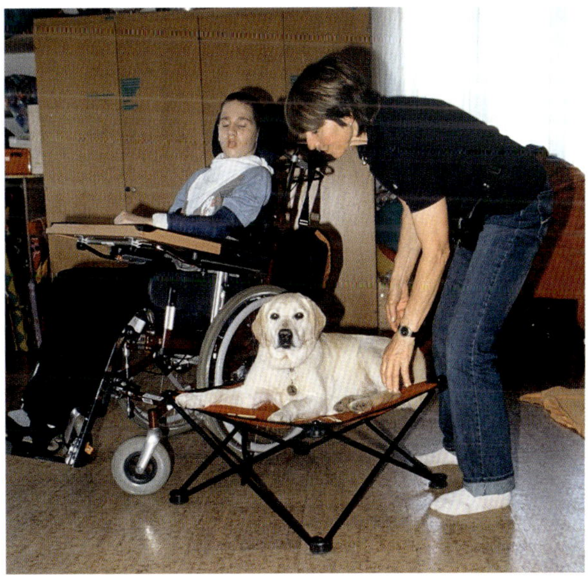

Peggy Hug ist die Präsidentin vom »Verein Therapiehunde Schweiz« (VTHS) und besucht mit ihrer ausgebildeten Labrador-Hündin Aisha verschiedene soziale Institutionen.

In der Schweiz:

- »Verein Therapiehunde Schweiz« (VTHS)
- »SC – Schweizerischer Schäferhund-Club«
- »Institut für interdisziplinäre Erforschung der Mensch-Tier-Beziehung« (I.E.M.T.)
- »Institut für angewandte Ethologie und Tierpsychologie« (I.E.T.)
- »Gesellschaft für Tiergestützte Therapie und Aktivitäten« (GTTA)

In Deutschland:

- »Tiere helfen Menschen e. V.«
- »Leben mit Tieren e. V.« (LMT)
- »Forschungskreis Heimtiere in der Gesellschaft«
- »Kynos Stiftung – Hunde helfen Menschen«
- »Verband Therapiehunde Deutschland e.V.« (Logo mit Rollstuhlfahrer, Hund und dem Zeichen »DOG«)
- »Therapiehunde Deutschland« (Logo mit rotem Kreuz, in dem zwei Hundeköpfe abgebildet sind)
- »Interessengemeinschaft Therapiehunde« (»IGTH«)
- »Wismarer Therapiebegleithunde e. V.«
- »Deutscher Berufsverband für Therapie- und Behindertenbegleithunde e.V.«
- »Berufsverband Therapiebegleithunde Deutschland e. V.«
- »Münsteraner Institut für therapeutische Fortbildung und tiergestützte Therapie«
- »Institut für soziales Lernen mit Tieren«
- »Förderverein Tiergestützte Pädagogik, Therapie und Fördermaßnahmen e. V.«
- »Forschungsgruppe TiPi – Tiere in Pädagogik integrieren«

In den letzten Jahren haben sich – besonders in Deutschland – zahlreiche weitere Initiativen mit dem Schwerpunkt »tiergestützte Arbeit« im weitesten Sinne in den unterschiedlichsten Bereichen entwickelt. Diese Aufzählung erhebt nicht den Anspruch auf Vollständigkeit – im Anhang sind weitere Vereine, Verbände und Institute zur weiteren Information aufgelistet.

Bestandsaufnahme

Während sich in Österreich und der Schweiz die Szene als einigermaßen strukturiert darstellt, fehlt es in Deutschland sowohl an einer Organisationsstruktur als auch an einer Absicherung der Qualitätsstandards. Die aktuelle Situation bietet hier leider ein recht konfuses Bild von zahlreichen Einzelkämpfern, immer wieder neuen Initiativen und einer allseits um sich greifenden Orientierungslosigkeit. Dieser Zustand hat zur Folge, dass sich unkontrolliert und in beliebiger Form sowohl die Ausbildungsformen und -inhalte gestalten können als auch das Einsatzniveau unter einem Qualifikationsmangel leidet. Verantwortungslos nehmen manchmal ungeprüfte, sogenannte »Therapiehunde-Teams« Kontakt auf zu ahnungslosen und gutgläubigen Klienten und Patienten – zum Ärgernis all derjenigen, die sich zum überwiegenden Teil über viele Monate bemüht haben, für sich und ihren Hund einen qualifizierten Ausbildungshintergrund zu erarbeiten, der nicht nur zeitlich sondern auch finanziell aufwendig ist.

Viel Erfahrung und die Kompetenz im Umgang mit dem Therapiehund ist die Basis einer qualitativ anspruchsvollen tiergestützten Arbeit – immer auch im Hinblick auf das Wohlergehen des Hundes.

2 Der Therapiehund – eine Definition

Was ist eigentlich ein »Therapiehund«?

Ein Therapiehund ist nicht das Ergebnis einer bestimmten Rasse-Züchtung!
Ein Therapiehund wird auch nicht als ein solcher geboren!
Ein Therapiehund muss keiner bestimmten Rasse entstammen!
Ein jeder Hund kann sich zum Therapiehund entwickeln!

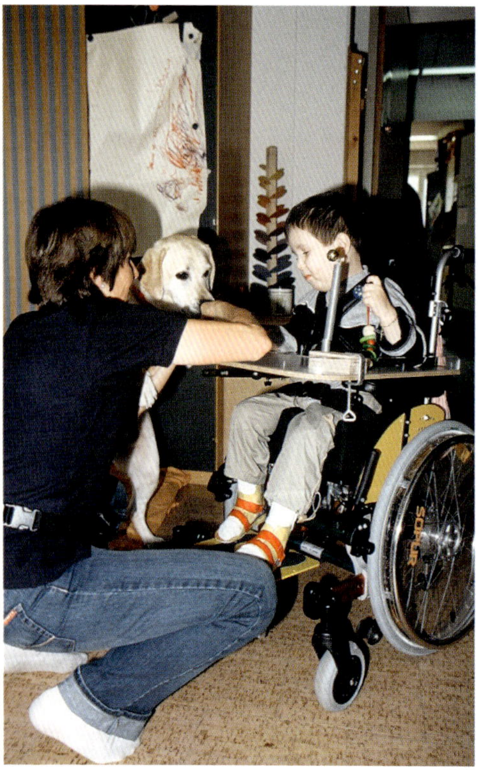

Ein Therapiehund muss keiner bestimmten Rasse entstammen – jeder Hund kann sich zu einem guten Therapiehund entwickeln.

Kaum wird eine neue Einsatzmöglichkeit für Hunde in der Öffentlichkeit populär, entstehen häufig Tendenzen zur Vermarktung von bestimmten Hunderassen. Gravierende Missverständnisse und Vorurteile, Unkenntnis und Informationsmangel wecken falsche Erwartungen. Die Folgen eines Mode-Trends sind hinreichend bekannt: Die Züchtung bestimmter Hunderassen ist hinsichtlich ihrer Qualität stark infrage gestellt worden.

Um dieser Entwicklung vorzubeugen, sei an dieser Stelle deutlich zum Ausdruck gebracht: Es gibt kein einziges Hunde-Gen, welches die Behauptung begründen könnte, dass bestimmte Hunderassen eine Anlage zum »Therapiehund« mitbringen! Dies ist eine unumstrittene Erkenntnis aus der Forschung, die auch von der weltweit anerkannten Genetikerin Prof. Dr. Sommerfeld-Stur von der Veterinärmedizinischen Universität in Wien vertreten wird.

Alle Rassen und deren Mischlinge werden heute weltweit erfolgreich als Therapiehunde eingesetzt – es kommt auf den jeweiligen Bereich und die spezifischen Anforderungen an!

In den angelsächsischen Ländern waren schon in der Anfangszeit der ersten Einsätze sowohl Neufundländer, Cocker Spaniels als auch Jack Russell Terrier als Therapiehunde aktiv. Auch die unterschiedlichsten Mischlinge wurden damals – wie heute – mit durchschlagendem Erfolg für Therapieeinsätze verwendet. Es muss also nicht unbedingt ein Labrador oder Golden Retriever sein – fast die Hälfte aller Bewerber-Teams treten bei den aktuellen Tests der Ausbildungsanbieter mit Mischlingen an. Und bestehen diese auch.

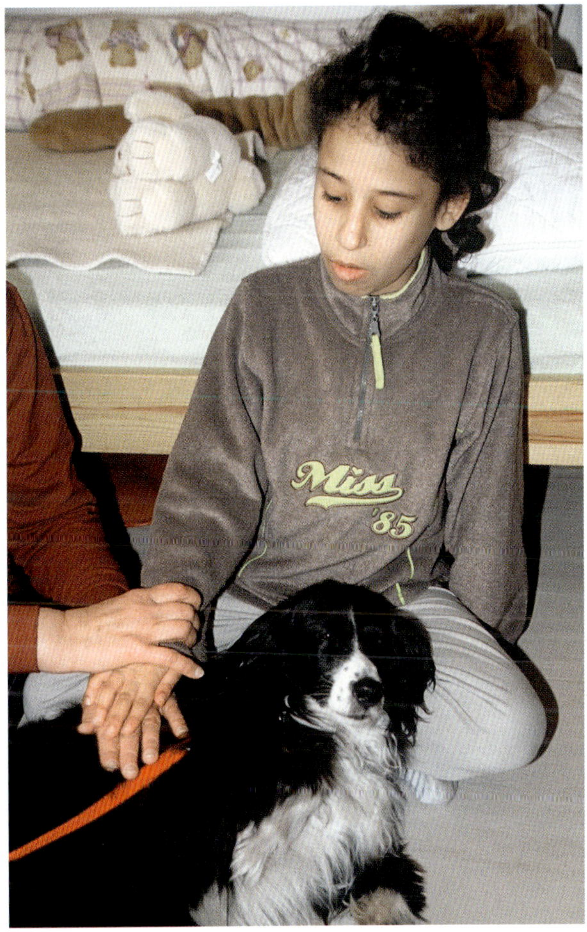

Viele eingekreuzte Mixe, vor allem kleinere Hunde, werden mit Erfolg als ausgebildete Therapiehunde eingesetzt.

Es ist darüber hinaus nicht zwingend notwendig, dass ein hoffnungsvoller Kandidat für die Therapiehundearbeit eine Abstammung aus einer Therapiehundefamilie nachweisen kann. Selbst wenn beide Elternteile sich als geeignete Therapiehunde entwickelt und präsentiert haben, ist diese Tatsache keine Garantie für ebensolche verwendbare Nachkommen! Ein verantwortungsvoller Züchter kann zwar für eine entsprechende Welpenprägung und Junghundesozialisation sorgen, aber eine Gewährleistung für diese später gewünschte Eignung ist mit aller Vorsicht zu genießen.

Es sei davor gewarnt, sich der Hoffnung hinzugeben, man könne einen einsatzfähigen Therapiehund schon als Welpen erwerben – diese Erwartungshaltung ist falsch und die Enttäuschung groß, wenn sich die Vorstellungen nicht bestätigen.

Ein Therapiehund sollte allerdings einige Anlagen mitbringen, um sich gut sozialisieren zu lassen und durch sein menschenbezogenes, freundliches Wesen die Basis für eine weitere Ausbildung zu gewährleisten (vgl. Kapitel 2).

Dies können auch Hunde aus dem Tierheim, aus Tierschutzprojekten und aus Auffangstationen im südlichen oder östlichen Ausland sein – in der aktuellen Praxis werden zahlreiche Exemplare mit einem oftmals bedauernswerten Lebensschicksal einer neuen Lebensperspektive zugeführt. Nach Absolvierung einer Eignungsprüfung und fundierter Ausbildung sind einige dieser Mixe heute schon gefragte Co-Therapeuten.

Was unterscheidet einen Therapiehund von anderen Hunden, die als Helfer auf vier Pfoten tätig sind?

Überwiegend werden Hunde mit helfenden Aufgaben im Rehabilitationsbereich eingesetzt, deswegen werden sie auch als sogenannte »Reha-Hunde« bezeichnet. Es sind eigens für ihre speziellen Aufgaben ausgesuchte und ausgebildete Hunde, die »ihrem« behinderten oder kranken Menschen den Weg in ein möglichst selbstständiges Leben unterstützen und erleichtern sollen.

Es sind dies:

Blindenführhunde

Ihre Aufgabe ist es, den sehbehinderten oder blinden Menschen jederzeit, in jeder Umgebung und an jeden Ort sicher zu leiten und zu führen.

Signalhunde

Sie sind ausgebildet, um dem hörbehinderten oder gehörlosen Menschen jederzeit und überall wichtige Geräusche zu melden und mitzuteilen. Darüber hinaus sind sie in der Lage, einem anfallkranken Menschen – oder seiner Umgebung – bevorstehende Schübe oder Anfälle rechtzeitig anzuzeigen.

Assistenz- oder Servicehunde

Sie sind dazu erzogen, dem körperbehinderten oder anfallkranken Menschen immer und überall aktive Hilfeleistungen auszuführen, indem sie adäquate Tätigkeiten verrichten, die jene aufgrund von fehlender Beweglichkeit oder Kraft nicht selbst durchführen können.

Alle diese hervorragend ausgebildeten Hunde haben eines gemeinsam – sie werden auf ihre spezifischen Aufgaben von Fachleuten lange vorbereitet und intensiv geschult, um danach an die betroffenen Menschen abgegeben zu werden. Diese Hunde leben dann als neuer Partner des Hilfsbedürftigen ununterbrochen an dessen Seite und teilen ihr Leben nur mit ihm.

Therapiehunde

Diese Hunde dagegen verbleiben als ausgebildete Hunde bei ihrem ebenfalls geschulten Besitzer – beide, Mensch **und** Hund, arbeiten zukünftig als »Team« an wechselnden Einsatzorten und mit unterschiedlichem Klientel. Zu betonen ist, dass ein Therapiehund niemals als ein Mittel zum Zweck eingesetzt wer-

Auch Mischlinge aus den südlichen Ländern entwickeln sich nach fundierter Ausbildung als zuverlässige Co-Therapeuten.

den darf – er dient auch nicht als therapeutisches Allheilmittel. Seine Aufgabe kann er nur in Zusammenarbeit mit seinem Menschen optimal erfüllen – er begleitet ihn als tierische Unterstützung. Um diesen Ansatz deutlich zu machen, benutzt man in den deutschen Formulierungen nicht nur den Begriff »Therapiehunde-Team«, sondern auch die Bezeichnung »Therapie**begleit**hunde-Team«.

Da vielerorts nicht nur Hunde als Co-Therapeuten eingesetzt werden, sondern auch einige andere Tierarten, wie beispielsweise Katzen und Kaninchen, Schildkröten und Schnecken, Lamas und Pferde, spricht man im Allgemeinen von einer »tiergestützten« Arbeit.

Die ursprüngliche englische Definition erklärt es deutlicher – es wird von »pet-facilitated« oder »animal-facilitated-therapie« gesprochen, zu deutsch: der »tiergestützten Aktivität« oder der »tiergestützten Therapie«.

Ein Therapiehunde-Team arbeitet nur zusammen mit der Fachkraft und immer unterstützend im speziellen Wirkungskreis.

Die Definitionen und Begriffsverwendungen in Anlehnung an die amerikanische Organisation »Delta Society«

Die angelsächsischen Länder waren alle in der Entwicklung um den therapeutischen Einsatz von Tieren im Allgemeinen – und Hunden im Besonderen – sehr engagiert. Eine der Organisationen spielt auch heute noch eine maßgebliche Rolle in der Erforschung der Mensch-Tier-Beziehung – die »Delta Society«, welche 1977 in Portland/Oregon (USA) gegründet wurde (vgl. Seite 14).

Diese Vereinigung von Fachleuten der verschiedensten Disziplinen aus Forschung und Wissenschaft formulierte eine grundlegende Unterscheidung der spezifischen Einsatzbereiche von Therapiehunde-Teams und anderen tiergestützten Maßnahmen.

Es sind die folgenden Bezeichnungen im Gebrauch:

Animal-Assisted-Activities (AAA)
Zu deutsch: »Tiergestützte Fördermaßnahmen«

Mit diesem Begriff werden sogenannte »Tierbesuchsprogramme oder -dienste« bezeichnet, bei denen der Tierhalter mit seinem Tier eine spezielle Institution und ihre Bewohner oder Patienten über einen bestimmten Zeitraum lediglich aufsucht, sich aber nicht an einer gezielten Behandlung beteiligt.

Die Anwesenheit der Tiere und ihre Begleiter dienen der allgemeinen Abwechslung in einem tristen Alltag und einem gesteigerten Wohlbefinden der Betroffenen – meistens handelt es sich dabei um Bewohner von Senioren- oder Pflegeheimen.

Regelmäßig besucht Therapiehundeführerin Friderike Hofer mit ihrem Mischlingshund Flipsy die alten Menschen im Pflegeheim.

Animal-Assisted-Therapie (AAT)
Zu deutsch: »Tiergestützte Therapie«

Diese Bezeichnung wird verwendet, wenn der Einsatz des Tieres vor dem Kontakt mit dem betroffenen Patienten eine genaue und begründete Zielsetzung hat und der Verlauf der Therapie dokumentiert wird. Der Besitzer des Tieres – sofern er nicht selbst eine professionelle Ausbildung hat – darf nur in Anwesenheit des jeweiligen Spezialisten und unter dessen Anleitung sein Tier in den Behandlungsprozess integrieren.

AAT ist ein normaler Bestandteil der Arbeit eines professionellen Arztes, Therapeuten, Lehrers, Sozialarbeiters, Pädagogen oder Pflegers. Das Tier muss in Ausübung der beruflichen Tätigkeit mit einbezogen sein. Dabei kann die Therapie auch von einem Laien vorgenommen werden, der aber von einem »Professionellen angeleitet wird«. So hat es die »Delta Society« in einem Standard festgelegt und diese Definition ist geschützt. (vgl. www.delta-society.org). Sie dient als weltweit allgemein anerkannte Grundlage der tiergestützten Therapie.

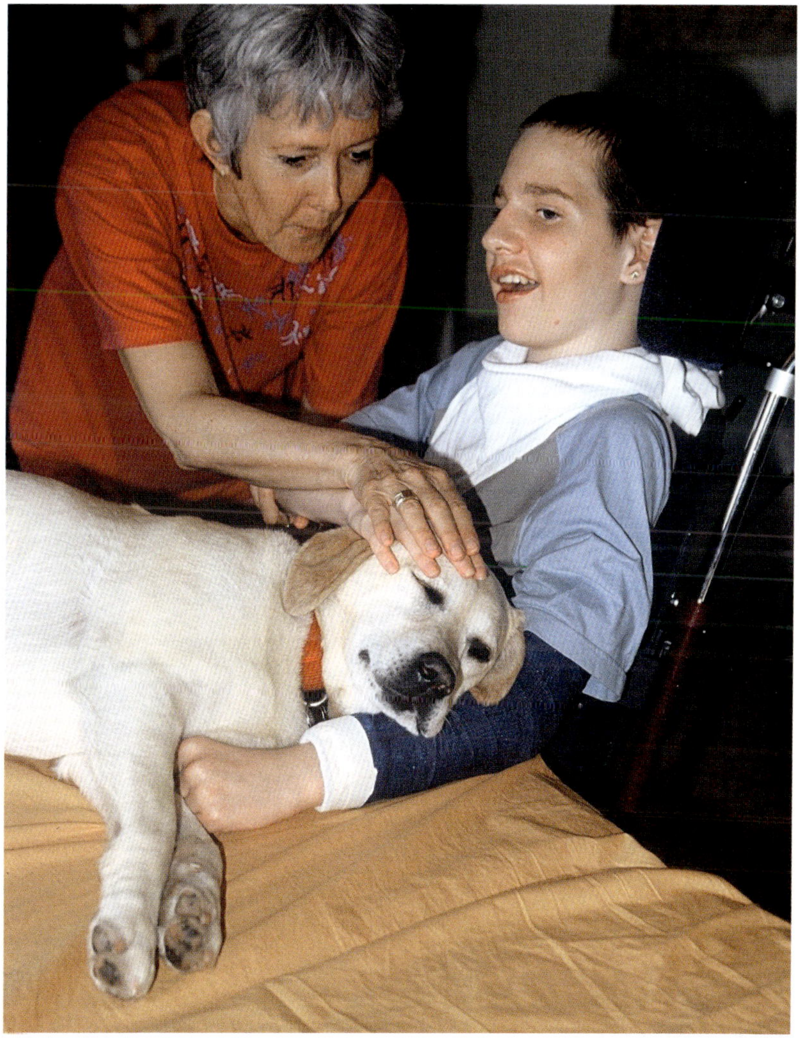

Als Fachkraft hat Ergotherapeutin Ellen Steinegger langjährige Erfahrung im Umgang mit Therapiehunden und ihren Patienten in der Reha-Klinik.

Animal-Assisted-Pedagogy (AAP)
Zu deutsch: »Tiergestützte Pädagogik«

Die tiergestützte Pädagogik wird als pädagogische Fördermaßnahme verstanden, in der Gruppen von verhaltensinteressanten Kindern und Jugendlichen mit besonderen Bedürfnissen und leichten Handicaps durch das Medium »Tier« positiv in ihrer Entwicklung gefördert werden.

Erfahrene Erzieher, (Heil-)Pädagogen, Lehrer und Sozialarbeiter setzen ihre Tiere nach der Ausbildung zum Therapie-Team gezielt in Kindergärten, Schulen und Freizeiteinrichtungen ein. Überwiegend werden Hunde bei diesen Maßnahmen verwendet. Nach Absprache und entsprechender Vorbereitung kann auch ein geprüftes Therapiehunde-Team von außerhalb eine solche Institution mit dem beschriebenen Klientel längerfristig besuchen.

Die Heimerzieher Anita und Karl Mayer setzen ihre beiden Australian Shepherds im sozialpädagogischen Bereich einer Tagesbetreuung von Kindern und Jugendlichen ein.

In der gängigen Praxis hat sich gezeigt, dass sich diese genannten Unterscheidungen nicht aufrecht erhalten lassen – die Übergänge zwischen den einzelnen bezeichneten Bereichen sind meistens fließend. Daher besteht häufig einige Verwirrung um die Verwendung dieser Begrifflichkeiten. Dennoch ist es empfehlenswert, sich mit dieser Einteilung in die diversen Sparten der tiergestützten Arbeit zu beschäftigen, denn es ist abzusehen, dass in überschaubaren Zeiträumen auch im deutschsprachigen Raum im Zuge der Qualitätssicherung bestimmte Standards definiert werden (vgl. Kapitel 10, Seite 85).

Der Begriff »Therapie«

Es stellt sich bei allen Praktikern, die in der tiergestützten Arbeit aktiv tätig sind, immer wieder die Frage: Was ist eigentlich »Therapie« – wo fängt sie an und wo hört sie auf?

Im Nachschlagewerk »Der große Brockhaus« wird das Wort »Therapie« (aus dem Griechischen) als »die Lehre von der Behandlung der Krankheiten oder die Behandlung selbst« definiert. Es wird unterschieden in »die **spezielle Therapie**, die besondere Heilverfahren heranzieht« und in die »**allgemeine Therapie**, die den Gesamtzustand des Kranken berücksichtigt«.

Es werden auch die Begriffe »**symptomatische oder palliative Therapie**« verwendet, welche »eine Linderung der Krankheitserscheinungen, unabhängig von ihrer Entstehungsursache anstreben«.

Darüber hinaus werden die Bezeichnungen »**ätiologische oder kausale Therapie**, die die Krankheitsursache zu beseitigen trachten« aufgeführt. »Letztere kann entweder spezifisch, d.h. genau auf den Krankheitserreger abgestimmt ..., oder unspezifisch sein, d.h. die Heilkräfte des Körpers unterstützen; zu ihr gehören alle Versuche zur Umstimmung des Organismus, medikamentöse Behandlung, sowie eine entsprechende Ernährung, aber auch die menschlich-seelischen Beziehungen zwischen dem Kranken und dem Arzt.«*

Der Begriff »Therapie« umfasst also ein breites Spektrum von unterschiedlichen Behandlungsalternativen mit verschiedenen Zielsetzungen. Hinzu kommen fortlaufend neue Krankheitsbilder, auf die seitens der verschiedenen wissenschaftlichen Disziplinen reagiert werden muss – und damit entstehen auch neue Therapieformen.

Analog zu den erweiterten therapeutischen Möglichkeiten beim Menschen haben sich auch die praktischen Einsätze der tiergestützten Arbeit in den verschiedensten Institutionen und Einrichtungen verändert – die starren Abgrenzungen der beschriebenen Einsatzgebiete haben sich zunehmend aufgelöst.

Gleichwohl müssen die eingesetzten Therapie-Tiere, genauso wie ihre Besitzer, als kompetentes Team hohen Anforderungen genügen – ob ihr Einsatz

* vgl. *Der große Brockhaus*, 18. Aufl., Band 22, S. 21

nun in einem Seniorenheim, einem Förderzentrum für Behinderte oder in einer Reha-Klinik stattfindet.

Um das breite Einsatzspektrum zu beschreiben, hat sich seit dem Jahre 2003 eine neue Definition etabliert:

Die examinierte Krankenschwester Christiana Schmitt arbeitet in ambulanter Betreuung auch mit Senioren – unterstützt von ihrem erfahrenen Therapiehunde-Rudel und immer im Team.

Definition der »tiergestützten Therapie«

»Unter tiergestützter Therapie versteht man alle Maßnahmen, bei denen durch den gezielten Einsatz eines Tieres positive Auswirkungen auf das Erleben und Verhalten von Menschen erzielt werden sollen. Das gilt für körperliche, wie für seelische Erkrankungen.

Das Therapiepaar Mensch/Tier fungiert hierbei als Einheit. Als therapeutische Elemente werden dabei emotionale Nähe, Wärme und unbedingte Anerkennung durch das Tier angesehen. Zusätzlich werden auch verschiedenste Techniken aus den Bereichen der Kommunikation, Interaktion, der basalen Stimulation und der Lernpsychologie eingesetzt.«*

Als **Resümee** dieser Erläuterungen lässt sich festhalten: Bezieht man die genannten Formulierungen auf die tiergestützte Arbeit mit dem Therapiehund, wird erneut deutlich, dass jeder Einsatz und jede Maßnahme als »Therapiehunde-Team«

* Geschützte Definition nach Dr. G. Gatterer, Psychologe am Geriatriezentrum Wienerwald und langjähriges Vorstandsmitglied von TAT in Wien.

wahrzunehmen ist. Wobei der Hund nicht als die Therapie an sich zu verstehen ist, sondern er hat eine begleitende und unterstützende Funktion, die immer in Anwesenheit seines ausgebildeten Besitzers und in Zusammenarbeit mit dem jeweiligen Fachpersonal erfolgen sollte. Es sei denn, der Hundehalter selbst hat eine professionelle Ausbildung im entsprechenden Einsatzbereich und besitzt einen speziell trainierten Hund.

Das Therapiehunde-Team (THT) und seine Tätigkeitsbereiche

Die Nachfrage aus den verschiedenen Institutionen und Einrichtungen haben sich in den letzten Jahren verstärkt – es hat sich langsam herumgesprochen, dass sich durch den begleitenden Einsatz eines Therapiehunde-Teams auf dem Weg der kleinen Schritte manches erreichen lässt, was man im gesamten Umfeld der Betroffenen zunächst nicht vermutet hätte.

In den folgenden Bereichen sind THTs mittlerweile aktiv anzutreffen:

- **Senioren- und Altenheimen**
- **Pflegestationen**
- **Krankenhäuser und Spitäler**
- **Reha-Kliniken**
- **Psychiatrische Kliniken**
- **Heime für Mehrfach- und Schwerst-Behinderte aller Altersstufen**
- **Förderzentren für Mehrfach-Behinderte aller Altersstufen**
- **Sonderschulen und Schulen mit Integrationsklassen**
- **Kindergärten und Kinderheime**
- **Schulklassen**
- **Betreute Wohngruppen**
- **Bei Verhören und im Strafvollzug**
- **Bei Katastropheneinsätzen**
- **In Häusern für Aidspatienten**
- **Als Sterbebegleitung in Hospizen**

Als Fachpersonal wirken mit dem Therapiehunde-Team zusammen: Pfleger und Krankenschwestern, Sozialarbeiter und (Heil-)Pädagogen, Lehrer und Erzieher, Ergo- und Physiotherapeuten, Logopäden, Ärzte und Psychiater.

Am Beispiel des »Vereins Therapiehunde Schweiz« lässt sich tendenziell die aktuelle, allgemeine Entwicklung und Verteilung der Einsatzschwerpunkte erläutern:

Von den ausgebildeten und geprüften Therapiehunde-Teams besuchen etwa

- **140 die Senioren- und Altenheime**
- **60 die Behindertenheime**
- **50 die Heilpädagogischen Schulen**
- **50 die privaten Patienten**
- **25 die Spitäler**
- **25 die Krankenheime**
- **20 die Psychiatrie**
- **10 die Reha-Kliniken und -Einrichtungen**
- **10 die diversen Fach-Praxen**
- **20 besuchen Kinderpflegeheime, Blindenschulen, Spielgruppen und andere soziale Einrichtungen, wobei Überschneidungen der THT-Einsätze im Einzelnen möglich sind.**

Demgegenüber existiert momentan eine Warteliste von rund 80 Schweizer Institutionen und 10 Privatpersonen, welche auf ein einsatzbereites THT des VTHS warten – eine typische Situation für alle engagierten Vereine im überwiegend deutschsprachigen Raum!

Die Türen der einzelnen Institutionen haben sich in den angelsächsischen Ländern, Amerika und Australien, sowie in der Schweiz und in Österreich etwas schneller geöffnet als in Deutschland. Hierzulande existieren Unkenntnis und Vorbehalte seitens der verantwortlichen Träger leider noch allzu reichlich.

Um auf zukünftige Einsätze von Therapiehunde-Teams kompetent und qualifiziert vorbereitet zu sein, bedarf es einer fundierten Aus- und Weiterbildung.

In Kindergärten, Kinderhorten und Kinderheimen haben ausgebildete Therapiehunde als Co-Pädagogen unter fachlicher Anleitung wesentlichen Einfluss auf eine positive Atmosphäre untereinander.

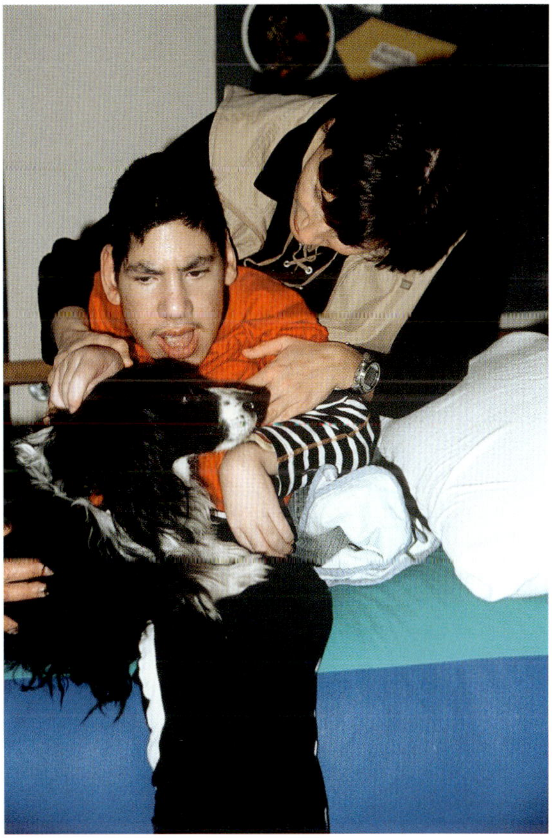

In einem Pflegeheim oder einer Reha-Klinik werden mehrfach Behinderte, gemeinsam mit dem Pflegepersonal, von Therapiehunde-Teams therapeutisch unterstützt.

3 Voraussetzungen für einen »Therapiehunde-Team«-Einsatz

Die wichtigste Voraussetzung für die Ausbildung und den späteren Einsatz des Therapiehundes ist die Bindung zu »seinem Menschen«. Eine vertrauensvolle Beziehung untereinander ist die grundlegende Basis für die weitere Entwicklung. Jeder Hund ist ein Individuum und jeder Mensch ebenfalls – jedes Team daher eine individuelle Einheit. Jeder von beiden hat spezielle Stärken und Schwächen – das perfekte Therapiehunde-Team kann es infolge dessen gar nicht geben. Werden aber die spezifischen Wesensmerkmale und Verhaltensweisen von Hund und Halter individuell gefördert und sind beide in der Lage, sich einen geeigneten Einsatzbereich auszusuchen, dann sind Bedingungen geschaffen, die alle Betroffenen voraussichtlich zufrieden stellen und nicht überfordern werden.

Ein angehender Therapiehund sollte grundsätzlich ein freundliches Wesen gegenüber fremden und anderen Menschen haben – er sollte die Gegenwart von Menschen suchen.

Einige wesentliche Merkmale und Verhaltensweisen sollten Hund und Halter allerdings mitbringen:

I. Den Hund betreffend:

Zu betonen ist immer wieder: Es existiert keine spezielle Rasse, die sich per se dazu eignet, als Therapiehund eingesetzt zu werden! Jeder Rassehund und jeder Mischling sind einsetzbar, wenn folgende Merkmale erfüllt werden:

- **Menschenbezogen und führwillig**
- **Freundliches Wesen gegenüber anderen Menschen, anderen Hunden und anderen Tieren**
- **Die Gegenwart des Menschen gesucht wird**
- **Berührungen und Streicheln gewünscht wird**
- **Soziale Kompetenz unter Artgenossen**
- **Hohe Toleranz- und Reizschwelle**
- **Aggressionsarm**
- **Nicht übermäßig schreckhaft**
- **Weder scheu, ängstlich noch extrem unsicher**
- **Kontrollierbarer Jagdtrieb**
- **Wenig Schutzverhalten zeigen**
- **Kein zu hohes Aktivitätsbedürfnis**
- **Kein notorischer Kläffer**
- **Nicht sabbern**
- **Gepflegt und sauber**
- **Gesund und geimpft (regelmäßige Kontrolle des Tierarztes ist Bedingung)**
- **Nicht zu jung – bei der Prüfung mindestens 18 Monate, besser zwei Jahre alt**
- **Nicht zu alt – höchstens sieben Jahre (Prüfung)**
- **Größe je nach Einsatzbereich – große und kleine Hunde sind gleichermaßen gefragt**
- **Aussehen ist eigentlich gleichgültig – flauschiges Fell ist als Streichelfaktor begehrt**

Der Hund sollte einen guten Grundgehorsam mitbringen, eine hundegerechte Sozialisierung und ein altersgerechtes, differenziertes Milieutraining erfahren haben.

Ein einsatzfähiger Therapiehund muss aber nicht zwangsläufig schon als geprägter Welpe seine Bestimmung erfahren – es gibt in der aktuellen praktischen Arbeit durchaus geeignete Hunde jeden Alters, die aus einem Tierheim oder aus Tierschutzprojekten im Ausland stammen!

Ein guter Grundgehorsam ist eine Voraussetzung, um eine Eignungsprüfung mit dem zukünftigen Therapiehund erfolgreich zu absolvieren.

II. Den Besitzer betreffend:

Es darf erwartet werden, dass die Besitzer ihren Hund bestens kennen und kontrollieren können. Sein Verhalten in unterschiedlichen Situationen des Alltags sollte ihnen vertraut sein und die Kommunikation untereinander die Stimmungslage des Hundes beeinflussen können.

Einige grundlegende Aspekte sind wünschenswert:

- **Sachkenntnisse über Haltung, Pflege, Gesundheit und Ernährung des Hundes**
- **Eine soziale Einstellung gegenüber Mitmenschen**
- **Soziale Kompetenz in alltäglichen Situationen**
- **Psychische Belastbarkeit**
- **Kontaktfreude**
- **Positive Lebenseinstellung**
- **Fähigkeit zur Selbstreflexion**
- **Neugier und Offenheit**
- **Teamfähigkeit**
- **Konstruktive Fremdkritik ertragen können**
- **Lernbereitschaft**
- **Ausreichend Zeit und mobile Flexibilität**
- **Bereitschaft zu ehrenamtlicher Tätigkeit bzw. profitlosem Handeln**
- **Selbstständige Tätigkeiten dürfen nicht zur Überlastung des Hundes führen**

Die Anforderungen an die Besitzer sind ebenso hoch wie an die Hunde – mit Recht! Alle Ausbilder tragen eine enorme Verantwortung, genauso wie die angehenden Therapiehundeführer – keiner möchte einen folgenschweren Zwischenfall in seinem späteren Einsatzbereich erleben.

Daher ist großer Wert darauf zu legen, nicht im Blitzverfahren eine vermeintliche »Ausbildung« zu absolvieren, sondern sich auf fundierte, gründliche und erfahrene Kursanbieter einzulassen, die in Form der kleinen Schritte die Einheiten strukturieren. Auch wenn sich dadurch weitere Reisen nicht vermeiden lassen, denn leider befinden sich empfehlenswerte Angebote nicht gerade um die Ecke, insbesondere in Deutschland.

Viele Eindrücke und Erlebnisse haben Hund und Halter zu verarbeiten – die meisten Anforderungen sind erlernbar, aber manchmal lässt es sich auch nicht erzwingen! Die Lernwilligkeit und Offenheit für Neues sind unerlässlich, denn zwei Sätze hören die Ausbilder immer wieder: »Das habe ich nicht gewusst!« oder »Das habe ich mir so nicht vorgestellt!«

Deshalb sollte jeder potenziell Interessierte, gleichgültig aus welchem Berufszweig er kommt, mit dem Hund eine qualifizierte Ausbildung absolvieren!

4 Der Schutz des Hundes

Ein »Therapiehund« fühlt sich vor allem als Hund – und der möchte sein Hundeleben führen! Darauf hat er ein Recht – dieses Recht muss geschützt werden. Deshalb hat sich schon 1990 ein internationaler Dachverband aller Organisationen gegründet, die sich mit der Erforschung der Mensch-Tier-Beziehung und den damit verbundenen Konsequenzen für die Gesundheit und das Wohlbefinden der Betroffenen befassen, die »International Association of Human-Animal Interaction Organisations – IAHAIO« (www.iahaio.org).

Der Verband ist von der WHO anerkannt und hat seinen Sitz bei der »Delta Society« in Renton/USA.

Die internationalen Mitglieder der IAHAIO haben drei wichtige Basis-Dokumente angenommen und als Resolutionen einstimmig verabschiedet:

- **Die Genfer Deklaration, 1995**
- **Die Prager Richtlinien zum Einsatz von Tieren bei tiergestützten Aktivitäten und Therapien, 1998**
- **Die Deklaration von Rio mit dem Thema »Heimtiere in Schulen«, 2001**

Auszug aus den Prager Richtlinien der IAHAIO

Die IAHAIO-Mitglieder sind der Auffassung, dass die Ausbildung dieser Tiere und jene, die die Fähigkeiten dieser Tiere anderen Menschen als Dienstleistung anbieten, in besonderem Maße für die Lebensqualität der Tiere verantwortlich sind. Programme, die zum Nutzen anderer den Einsatz von Tieren bei tiergestützten Aktivitäten und Therapien anbieten, sollten sicherstellen, dass qualifizierte Mitarbeiter eingesetzt und bestimmte Regeln, die einer regelmäßigen Kontrolle unterliegen, eingehalten werden .... Die IAHAIO appelliert eindringlich an alle Personen und Organisationen, die beim Einsatz von Tieren in helfender, bzw. therapeutischer Funktion beteiligt sind – einschließlich aller Institutionen, die entsprechende Programme anbieten – die nachstehenden Richtlinien einzuhalten:

Prager Richtlinien der IAHAIO (Auszug)

1. Es werden nur Heimtiere eingesetzt, die durch Methoden der positiven Verstärkung ausgebildet wurden und artgerecht untergebracht und betreut werden.

2. Es werden alle Vorkehrungen getroffen, damit die betroffenen Tiere keinen negativen Einflüssen ausgesetzt sind.

3. Der Einsatz von Tieren in helfender bzw. therapeutischer Funktion sollte in jedem Einzelfall begründete Erfolgsaussichten haben.

4. Es sollte die Einhaltung von Mindestvoraussetzungen garantiert sein und zwar im Hinblick auf Sicherheit, Risikomanagement, körperliches und psychisches Wohlbefinden, Gesundheit, Vertraulichkeit sowie Entscheidungsfreiheit. Ein angemessenes Arbeitspensum, eine eindeutige auf Vertrauen ausgerichtete Aufgabenverteilung sowie Kommunikations- und Ausbildungsmaßnahmen sollten für alle beteiligten Personen klar definiert sein.*

Begründete Erfolgsaussichten in der Prognose haben sicherlich viele Klienten – das Therapiehunde-Team beeinflusste in diesem Fall die Hundephobie des jungen Autisten sichtlich.

* vgl. M. Gäng u. Dennis C. Turner in *Mit Tieren leben im Alter*, 2. Aufl., 2005, S. 185-192)

Es dürfen nur Hunde als Therapiehunde eingesetzt werden, die durch Methoden der positiven Verstärkung erzogen und ausgebildet wurden – darauf sollte schon im Welpenalter geachtet werden – wie durch THL-Trainerin Martina Horwath (links).

Dieser Appell an alle Beteiligten und Betroffenen, die sich im Rahmen der tiergestützten Einsatzbereiche auch mit Hunden beschäftigen, soll verhindern, dass Therapiehunde als Mittel zum Zweck instrumentalisiert werden. Diese Hunde sind keine »Wunderheiler« und dürfen keineswegs als Ersatz für andere Therapien gesehen werden.

Die ausschließliche Reduzierung auf ein therapeutisches Medium grenzt an Missbrauch des tierischen Wesens »Hund«!

Therapiehunde können als Ergänzung und Bereicherung einer Behandlung gesehen werden, dürfen aber in ihrer Bereitschaft und der Fähigkeit, sich den betroffenen Menschen zuzuwenden, unter keinen Umständen überfordert werden.

Die Gefahren der Überforderung

a) Durch die Besitzer

Diejenigen, welche sich als Therapiehundeführer langfristig mit einem willigen, freudigen und ausgeglichenen Hund in unterschiedlichen Bereichen einsetzen wollen, sollten auf die Anzahl und Länge der Arbeitseinheiten achten. Eine überhöhte Stundenzahl an mehreren Tagen ist für jeden (!) Hund eine zu hohe Belastung und hat Langzeitfolgen im Verhalten. Oftmals wird unterschätzt, welchen negativen und aggressiven Energien, Schwingungen und depressiven Gefühlslagen die Hunde während einer Therapiestunde ausgesetzt sind. Hinzu kommt eine eventuell spannungsgeladene oder auch traurige, leidende Atmosphäre in den fremden Räumen – dies alles spüren Hunde extrem intensiver als die Menschen um sie herum.

Des Weiteren ist darauf zu achten, dass der Hund während der speziellen Einsätze keine körperlichen Schmerzen ertragen muss. Zwar werden die Therapiehunde darauf trainiert, vielleicht manchmal unerwartet heftig ange-

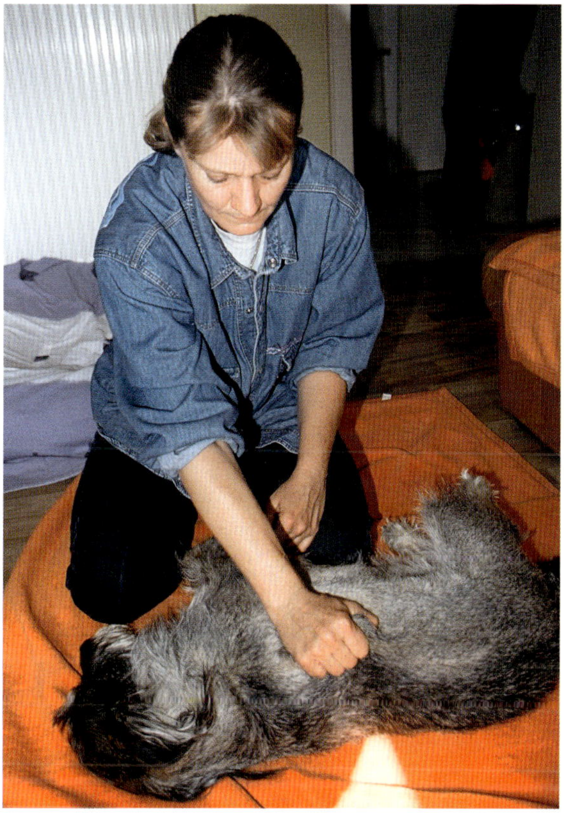

fasst zu werden, aber ein dauerhafter schmerzhafter Einfluss muss vermieden werden. Beispielsweise darf eine bestimmte Lagerung des Hundes bei bettlägerigen Patienten oder während der basalen Stimulation® nicht erzwungen werden, sondern es muss darauf geachtet werden, dass bei dieser Lagerung für den Hund eine entspannte, natürliche Körperhaltung möglich ist.

Darüber hinaus ist Wert darauf zu legen, dass die Ernahrung des Hundes einer

In ihrer Ausbildung werden Therapiehunde daran gewöhnt, auch kräftig und überraschend in ihr Fell gepackt zu werden, ohne daraufhin eine abwehrende Reaktion zeigen zu dürfen.

strengen Kontrolle unterworfen ist – die ständigen Belohnungswürfel, Kauslangen und Knabberknochen sind unbedingt von der täglichen Futterration abzuziehen – sonst sind Übergewicht und ande-

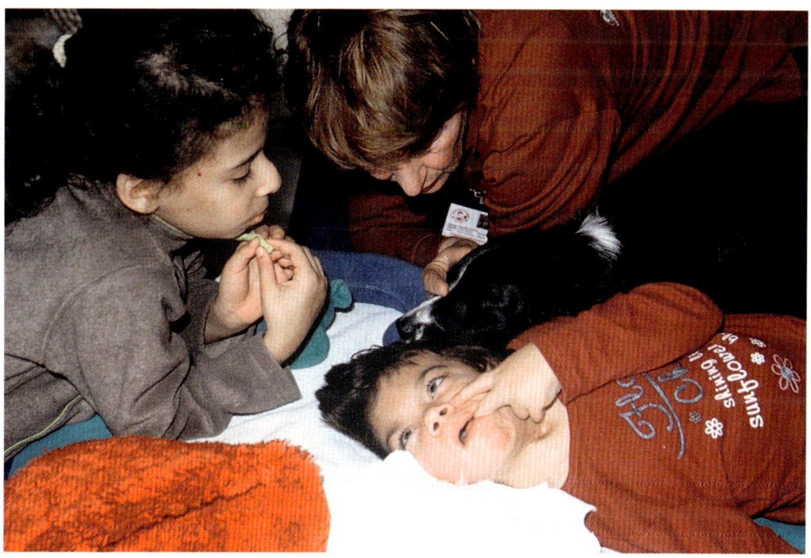

Es sollte darauf geachtet werden, dass auch die Lagerung des Therapiehundes für ihn ent spannt und schmerzfrei erfolgen kann.

re Gesundheitsrisiken abzusehen. Auch ist es notwendig, nur eine kontrollierte Leckerli-Gabe zu forcieren – es kann sonst passieren, dass eventuell die verschiedensten Medikamente in den Hunderachen gelangen und infolgedessen der Tierarzt aufgesucht werden muss.

Es erübrigt sich wohl von selbst darauf hinzuweisen, dass immer (!) frisches Wasser unmittelbar erreichbar ist.

Um die Belastungen vielfältigster Art für den Hund erträglich zu halten, ist zwingend darauf zu achten, dass – je nach Art des Einsatzes – ein Therapiehund maximal zwei- bis dreimal in der Woche, nur ein- bis zweimal am Tag und jeweils zwischen 15 Minuten und maximal einer Stunde diesen anstrengenden Situationen ausgesetzt wird. Alles, was zeitlich darüber hinaus geht, ist im Interesse des Hundes nicht zu verantworten!

Diejenigen Therapiehundeführer, welche sich für die Haltung von mehreren Hunden entschlossen haben, um die Höhe der Belastung für den einzelnen Hund zu reduzieren, haben zwar für eine wechselweise Einsatzmöglichkeit gesorgt – sie sollten sich aber vor der Anschaffung eines weiteren Hundes mit den Folgen einer Rudelhaltung ausführlich beschäftigen.*

Auf ein entspannendes Ausgleichsprogramm ist zu achten. Damit ist nicht nur ein Spaziergang gemeint, sondern – je nach Rasse und Alter des Hundes – auch eine geeignete Beschäftigung über den Therapiehunde-Einsatz hinaus.

Vor allem sollte auf ausreichenden Kontakt zu Artgenossen Wert gelegt werden – im Spiel und der Auseinandersetzung mit seinesgleichen kann ein Therapiehund am besten »auftanken«.

Aber auch das Ruhebedürfnis ist nicht zu unterschätzen – Hunde brauchen einen ungestörten (!) Schlaf zwischen 12 und 18 Stunden am Tag – es ist Pflicht und Aufgabe des Therapiehundebesitzers, für die Gegebenheiten und geeigneten Möglichkeiten zu sorgen, dass sein Hund sich ruhig und entspannt niederlassen kann. Insbesondere dann, wenn die eigenen Hunde zum Einsatz in die eigene Praxis, das Heim oder die Schule mitgenommen werden!

Dieses Vorgehen kann sich auf einem schmalen Grat zwischen Überlastung und Ausreizung der Belastungsgrenze bewegen – nur eine konsequente Reflexion des Geschehens kann dabei den Therapiehund vor Stressfaktoren schützen.

b) Durch die Institutionen und das Personal

Eine oftmals zu hohe Erwartungshaltung wirkt sich als Druck auf das THT aus. Gerade bei den ersten Besuchen in einem neuen Umfeld brauchen Hund und Halter eine gewisse Eingewöhnungsphase, daher ist es allen dienlich, wenn in der Anfangszeit dem THT ausreichend Möglichkeit gegeben wird, sich zu akklimatisieren und den neuen Einsatzbereich langsam kennen zu lernen. Sowohl

* vgl. Röger-Lakenbrink, Inge: *Rudelhaltung – Ein praktischer Ratgeber.* Kynos Verlag, 2004

die Institutionsleitung als auch das Personal, welches im direkten Umfeld arbeitet, sollte über den Einsatz des THTs genau informiert sein und die Möglichkeiten und Grenzen eines Besuches oder einer Therapieeinheit einschätzen können. Die Anwesenheit eines Vertreters des Fachpersonals der jeweiligen Einrichtung sollte gewährleistet sein — das THT dient nicht als zeitliche Entlastung beispielsweise des Pflegepersonals oder der zuständigen Therapeuten! Im Gegenteil – als Co-Therapeut kann ein Hund nur dann wirkungsvoll eingesetzt werden, wenn auf die körperlichen und geistigen Behinderungen und Krankheiten eines Patienten konkret eingegangen werden kann – insbesondere dann, wenn aufgrund des Krankheitsbildes unkontrollierbare,

Die Anwesenheit und Betreuung durch Fachpersonal ist unerlässlich und sollte in jeder Einrichtung gegeben sein – die Anwesenheit eines Therapiehunde-Teams, links Friderike Hofer mit Flipsy, bedeutet keine zeitliche Entlastung für das Pflegepersonal.

aggressive Handlungen nicht auszuschließen sind. Dies ist einerseits wegen der gesetzlichen Schweigepflicht, andererseits wegen der eingeschränkten Mitteilungsfähigkeit einem auf sich allein gestellten THT einfach nicht möglich. Es empfiehlt sich generell, gemeinsam einen Therapie- wie auch einen Hygieneplan aufzustellen und die einzelnen Behandlungsschritte zu dokumentieren! (vgl. Kapitel »Die Frage der Hygiene«, Seite 58)

Es ist des Weiteren darauf zu achten, dem THT ruhige, durchlüftete und separate Räumlichkeiten zur Verfügung zu stellen, die möglichst nicht von Besuchern oder Angehörigen aufgesucht werden können. Diese meist gesunden Menschen neigen dazu, den Gruppenprozess zu stören, indem sie den Hund schnell ablenken und die Konzentration zwischen Betroffenen und dem THT behindern.

Die Gruppengröße darf sich maximal zwischen sechs und acht Personen bewegen – sie sollte auf Druck des Trägers nicht beliebig nach oben geschraubt werden. Die sinnvolle Tätigkeit eines THTs ist nicht als Massenabfertigung und ein willkommenes Instrument gegen Langeweile zu sehen. Die Hunde leisten oftmals einen anstrengenden Einsatz in einer energieraubenden Atmosphäre – ihre Halter auch! Obwohl die THTs während ihrer Ausbildung auf diese möglichen Situationen hingewiesen werden, passiert es immer wieder, dass sich selbst erfahrene Praktiker dabei ertappen, entweder viel zu lange, zu intensiv oder unangemessen ihren Hund dem Geschehen ausgesetzt zu haben – sie wollten unwillkürlich eine zu hohe Erwartungshaltung befriedigen. Daher ist – im Interesse des Hundes – eine ständige Selbstkontrolle während des Einsatzes ein notwendiges Kriterium.

»Ich kann mit meinen Hunden aus Lahmen einfach keine Gehenden und aus Blinden keine Sehenden machen«, so hat es eine Therapiehundeführerin einmal auf den Punkt gebracht. Zwar eine etwas sarkastische Formulierung – aber sie trifft genau das Problem. Gerade wegen der weitgehend unbekannten Wirkungsweise von Therapiehunden in Deutschland ist es enorm wichtig, dass die Mitarbeiter der Institutionen und Einrichtungen informiert und positiv motiviert in die Umsetzung eines THT-Einsatzes miteinbezogen werden – im Interesse aller zwei- und vierbeinigen Betroffenen!

c) Durch die Ausbilder

Eine große Verantwortung liegt bei den Ausbildern – von ihrer Erfahrung und ihrem Hundeverständnis sollte man erwarten, dass der Ausbildungsablauf hundegerecht durchgeführt wird. Hund und Halter kommen wissbegierig und vertrauensvoll als Lernende. Dieses Vertrauen sollte durch die Ausbilder eine gewisse Wertschätzung erfahren – sie vermitteln nicht nur pure Inhalte, sondern sollten auch rhetorische und didaktische Fähigkeiten mitbringen. Denn nicht nur die Hunde erscheinen zur Ausbildung – vor allem ihre Besitzer. Die soziale Kompetenz, die ständig von den Therapiehunde-Teams verlangt wird, kann genauso von ihren Ausbildern erwartet werden.

Für alle Team-Trainer sollte gelten:
Der Schutz des Hundes muss oberstes Gebot sein – und zwar in allen Phasen der Ausbildung!

Wie schon erwähnt: Nicht jeder Hund eignet sich als Therapiehund! Zwar können über ein Training der kleinen Schritte die spezifischen Anlagen des Hundes gefördert werden, aber falls diese »Ausbildung« dazu führen soll, eine Wesensveränderung des Hundes herbeiführen zu wollen, dann darf dieses Vorgehen als Missbrauch eines Hundelebens bezeichnet werden. Ein Hund darf nicht zu Therapiehundeeinsätzen »vergewaltigt« werden – es liegt in der Hand des Ausbilders **und** des Besitzers, eine solche Entwicklung im Zweifelsfall zu unterbinden!

»Es muss das Wunschprogramm des Hundes sein«, so formulierte es Peggy Hug, die Präsidentin des VTHS.

In allen Phasen der Ausbildung und des späteren Einsatzes muss der Schutz des Hundes oberstes Gebot sein.

Eine gute Gelegenheit, die Verantwortung als Ausbilder gegenüber dem angehenden THT zu zeigen, ist die Gestaltung der Ausbildungseinheiten.

Die anfänglich häufigen sogenannten »Crash-Kurse« innerhalb einer Woche haben sich zwar reduziert, werden aber immer noch angeboten. Diese Form der »Ausbildung« bedeutet absoluten Stress für die Hunde! Insbesondere die ersten Kurstage erleben die Hunde als Belastung – ein klares Zeichen dafür ist ihre hohe Cortisolausschüttung (Stresshormon). Dies hat in ihrer Diplom-Arbeit Dorit Haubenhofer vom Institut für Anthropologie an der Universität Wien (2003) mit dem Titel »Höhe der Stressbelastung von Mensch und Hund während der Ausbildung für die Arbeit im Bereich der tiergestützten Therapie« nachgewiesen.

Überwiegend wird diese Kursform nicht mehr angeboten, beispielsweise TAT in Wien und auch der VTHS in der Schweiz führt sie nicht mehr durch.

Das Vorgehen bei den Eignungsverfahren und während der Ausbildungssequenzen birgt manchmal einige Risiken, die den hundegerechten Bedürfnissen nicht nachkommen. Zwar orientieren sich die meisten Kurs-Anbieter an den ursprünglichen Vorgaben der »Delta Society«, die aber auch weiter entwickelt wurden – angepasst an die aktuellen Bedürfnisse des Klientels und die veränderten Einsatzbereiche.

Manche meinen aber, sich dadurch profilieren zu müssen, zusätzliche »Eignungskriterien« und Übungen hinzuzufügen, die den eigentlichen Sinn des Testes und der Qualifizierung verfälschen. Hierzu ist festzuhalten: Bei dem ersten Kontakt von Hund und Halter zu den Team-Trainern handelt es sich um ein Verfahren, das Aufschluss darüber geben soll, inwieweit der Hund Anlagen in seinem Wesen und Verhalten mitbringt, die sich »eignen« (!) könnten, im weiteren Ausbildungsverfahren positiv verstärkt und gefestigt zu werden. (siehe Kapitel »Die Eignungsprüfung« Seite 68).

Das Ziel des Kurs-Anbieters sollte an diesem Tag sein, allen Beteiligten eine möglichst entspannte Atmosphäre vor Ort zu ermöglichen. Dies ist durch einige organisatorische Überlegungen leicht zu erreichen – beispielsweise indem die Gruppengröße eine maximale Bewerbergrenze hat. Nicht mehr als acht Teams ist die höchste zu empfehlende Anzahl, darüber hinaus wird das Verfahren zu unübersichtlich und zu unruhig. Auch sollte vorher geklärt sein, wie viele Rüden an diesem Test teilnehmen wollen und auch ob keine läufige Hündin unter den angemeldeten Teilnehmern ist.

Während der gesamten Ausbildungszeit sollte es – im Sinne der Hunde – eine Selbstverständlichkeit sein, dass Rücksicht auf die Witterungsverhältnisse genommen wird, die Räumlichkeiten kühl und weitläufig genug sind, die Schulungszeiten begrenzt sind, genügend Auslaufflächen und Entspannungsmöglichkeiten gegeben sind. Vor und nach den Ausbildungssequenzen sollte dem Hund in jedem Falle die Möglichkeit zum Lösen gegeben und anschließend für Spiel und Spaß im Freien gesorgt werden. Manche Hunde benötigen allerdings eine Ruhepause – manche Menschen auch.

Auch auf das Alter und das jeweilige Temperament eines »Kandidaten« sollte seitens der Team-Trainer und den Prüfungskommissionen Rücksicht genommen werden. Alle Anwärter prüfungstechnisch über einen Kamm scheren zu wollen ist nicht fair und auch nicht weitsichtig – ein achtzehnmonatiger Australian Shepherd hat nun mal ein anderes Temperament als eine vierjährige Berner Sennenhündin, dennoch können sich beide während der Ausbildung zu hervorragenden Therapiehunden entwickeln.

Viel Fingerspitzengefühl und Erfahrung ist unbedingt notwendig, um dem angehenden Therapiehunde-Team gerecht zu werden – die Tagesform von Hund und Halter spielt dahingehend sicherlich auch ein Rolle.

Während der einzelnen Ausbildungseinheiten ist seitens der Team-Trainer große Umsicht gefragt. Denn für die zwei- und vierbeinigen Absolventen können nun mal manche Situationen problematisch in jeder Hinsicht sein. Ein überforderter oder besonders ehrgeiziger Kandidat neigt unter Umständen leicht dazu, seinem Hund mehr abzuverlangen, als dieser in der Lage ist, ohne Schadensfolge zu reagieren.

Schlussendlich sollte es ohne Frage immer eine Entscheidung im Interesse des Hundes sein – egal, wie sie gefällt wird!

Ein engagiertes Therapiehunde-Team verbraucht während der Ausbildungssequenzen und späterer praktischer Einsätze ein hohes Maß an Energie – gemeinsames Ausruhen und entspannte Pausen müssen eingeplant werden.

Die Zeichen der Überforderung

Es ist ratsam, dass sowohl die Besitzer als auch die jeweiligen Ausbilder die anfänglichen Zeichen der Überforderung bei den Therapiehunden in der Ausbildungsphase und dem späteren Einsatz beobachten, erkennen und richtig interpretieren. Falls entscheidende Augenblicke übersehen werden, in denen der Hund klare Signale einer negativen Belastung sendet, können sich Stressreaktionen steigern und zur Verweigerung oder – im ungünstigsten Falle – auch zu einem Angriff des Hundes führen.

Hunde verständigen sich über ihre Laute, Ausscheidungen, Blicke und ihre Körpersprache – oftmals wirken diese lauten und leisen Zeichen zusammen auf ihren Gegenüber, einen Artgenossen oder einen Menschen.

Um die aktuelle Stimmungslage eines Hundes korrekt zu interpretieren, ist es notwendig, vor allem seine körperlichen Botschaften zu verstehen und angemessen darauf zu reagieren.

Im Folgenden werden einige typische Zeichen der Hundesprache aufgeführt, die vor allem als Verunsicherungs- bzw. Beschwichtigungssignale und als Hinweise auf eine Überforderung zu interpretieren sind:

Die gesamte Körpersprache dieser drei Hunde signalisiert neugierige, leicht unsichere und abwartende Haltung, um durch eine interessierte, genaue Beobachtung das nahende Gegenüber aus der Ferne richtig einschätzen zu können.

Tyische Signale für Überforderung und Versuche der Beschwichtigung

- Gähnen (oft mehrmals hintereinander)
- Blinzeln
- Über die Schnauze lecken
- Sich kratzen
- Sich schütteln
- Sich beißen
- Langsam mit der Rude wedeln
- Wegschauen, Blick abwenden
- Sich wegdrehen, entfernen wollen
- Teilnahmslosigkeit
- Zittern
- Hecheln
- Hektisches Ablecken des Gegenüber
- Häufiges Urinieren
- Plötzliches Schuppen
- Schwitzen
- Durchfall, Erbrechen
- Appetitlosigkeit
- Verhärtete Muskeln
- Erhöhter, starker Puls
- Unangenehmer Körpergeruch oder Geruch aus dem Maul

Oftmals »spricht« ein Hund mit mehreren der aufgelisteten Signale gleichzeitig – es ist also angebracht, immer den Hund in seinem gesamten Erscheinungsbild zu betrachten – vom Ohrenspiel über die Art der Blicke, die Form der Lefzen bis hin zur Haltung der Rute.

Um einen Hund zu »verstehen«, bedarf es viel Beobachtungstraining und Einfühlungsvermögen in sein Wesen. Gelingt dies, ist die Verständigung untereinander der beste Weg zu einem harmonischen Therapiehunde-Team.

Werden aber ständige »Hilferufe« des Hundes sowohl in der Ausbildungsphase als auch während späterer Einsätze übersehen oder nicht ernst genommen – dies gilt vor allem für junge Hunde –, können die besten Anlagen eines Therapiehundes zerstört werden!

Daher ist eine sofortige Reaktion angemessen, indem das Verhalten des Hundes analysiert wird und die Stressfaktoren überprüft werden. Danach wird entweder die Handlung oder Übung abgebrochen, unter anderen Bedingungen

←

Ein Gähnen deutet nicht immer auf Müdigkeit hin – oftmals ist es ein Zeichen von Unsicherheit oder Überforderung.

Auch ein Lecken mit der Zunge über die eigene Schnauze ist meist ein Zeichen der Unsicherheit oder der Beschwichtigung des Gegenübers. →

←

Sich kratzen hat nicht immer etwas mit Jucken zu tun – oftmals ist es eine Übersprungshandlung und ein Zeichen der Verunsicherung.

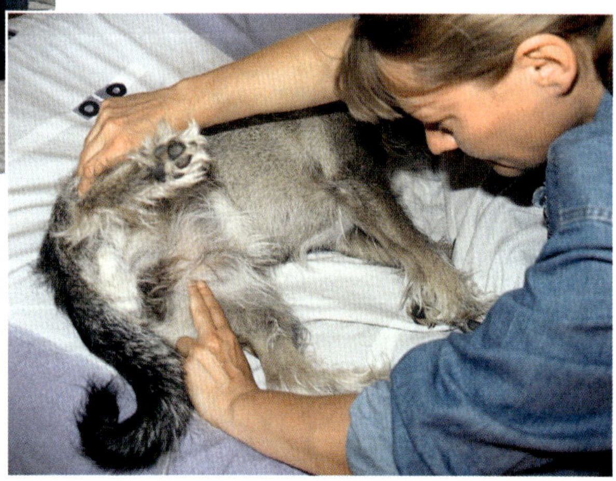

→

Ein erhöhter, starker Puls des Hundes ist ein klares Zeichen von Überforderung – mit einer gezielten Kontrolle an einer Pulsader am inneren Hinterbein kann der Pulsschlag überprüft werden.

erneut durch positive Verstärkung trainiert, oder die betreffende Situation vermieden. Jegliche Zwangshandlungen sind zu unterlassen und aversive Mittel, wie Zughalsbänder oder Elektro-Halsbänder sind abzulehnen.

Es gibt Therapiehunde, die es lieben, sich mit Kindern zu beschäftigen, aber nicht mit alten Menschen. Es gibt Therapiehunde, die gerne und entspannt neben einem Sterbenden liegen, aber nicht neben einem schwerstbehinderten Kind. Es gibt Therapiehunde, denen die übelsten Gerüche überhaupt nichts ausmachen, andere drehen sich abrupt weg. Es gibt Therapiehunde, die sich gerne streicheln und bürsten lassen, andere lieben das Ballspiel mehr – und wieder andere hassen es, auf einem Schoß zu sitzen.

Es gibt verstörte, auffällige, kranke und alte Menschen, die mit Hunden groß geworden sind und diese Tiere gerne um sich haben. Es gibt aber auch Menschen, die zu Hunden gar keinen Bezug haben oder sie einfach nicht ausstehen können, sie vielleicht sogar vollkommen ablehnen.

Sowohl die Bedürfnisse der betroffenen Hunde als auch die der betroffenen Menschen zu erkennen und auf sie verantwortungsvoll eingehen zu können – das ist der Schlüssel zum Erfolg für die Arbeit eines Therapiehunde-Teams.

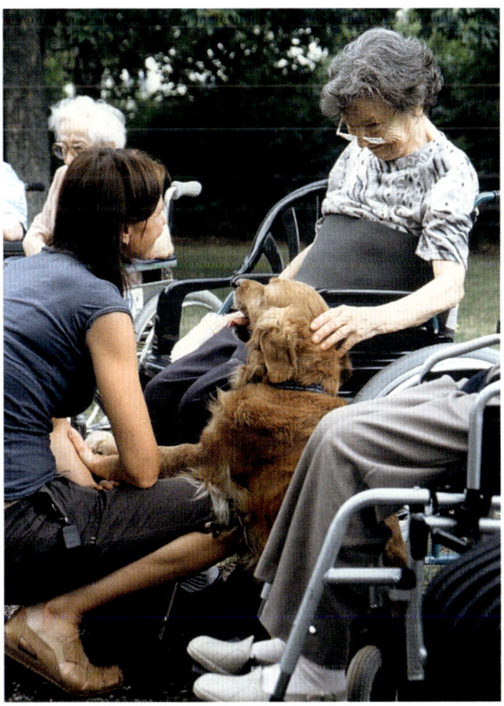

Manche Therapiehunde entwickeln einen guten Bezug zu alten Menschen – manche nur zu Kindern. Manche liegen entspannt neben einem Sterbenden – manche lieber neben einem Kind während der basalen Stimulation ® – darauf sollte der Therapiehundeführer Rücksicht nehmen.

Der erfolgreiche Einsatz eines Therapiehunde-Teams ist auch davon abhängig, inwieweit auf die Bedürfnisse aller Beteiligten individuell eingegangen werden kann.

5 Das »Therapiehunde-Team« vor der Ausbildung

Es ist zu empfehlen, dass sich die angehenden Therapiehundeführer im Vorfeld ausführlich und gründlich informiert haben. Zum einen über die unterschiedlichen Ausbildungsangebote, zum anderen über die Erwartungen, die an sie selbst und den Hund gestellt werden.

Die erfolgreiche Absolvierung anderer Ausbildungsvarianten im Hundesport oder der Rettungs- und Schutzhundearbeit sind kein Kriterium für eine ebensolche Qualifizierung im Therapiehunde-Einsatz. In diesem Falle ist es ratsam, seine Erwartungshaltung nicht zu hoch zu schrauben und mit einer gewissen Frustrationstoleranz eventuell zu akzeptieren, dass der Hund den Eignungstest vielleicht nicht besteht.

Die vorzustellenden Hunde müssen im Allgemeinen keine speziellen Prüfungen, wie beispielsweise eine Begleithundeprüfung, abgelegt haben.

Es ist darauf hinzuweisen, dass es nicht vorteilhaft ist, wenn die Hundebesitzer ihren Hund »fertig« vorstellen wollen – jeder seriöse Kursanbieter definiert in seinem schriftlichen Informationsmaterial die Kriterien sehr genau, die für eine erste Präsentation von Hund und Halter wichtig sind – nicht mehr und nicht weniger. Erst die weitere Ausbildung dient der Entwicklung, Förderung und Stabilisierung des gewünschten Verhaltens.

Darüber hinaus wird immer eine Gelegenheit geboten, an einem speziellen Informationsgespräch im Vorfeld des Testes teilnehmen zu können.

Entscheidet sich ein Interessent schon nach diesen ersten Eindrücken und Überlegungen gegen den zukünftigen Einsatz des Hundes als Therapiehund, so ist dies wohlwollend zu unterstützen. Besser eine Entscheidung im Sinne des Hundes treffen als vielleicht einem vermeintlichen Modetrend hinterherzulaufen, der sich als nicht zu bewältigender Stressfaktor entpuppen könnte.

Es ist wünschenswert, dass die Teilnahme an der Ausbildung von einem echten Interesse an der zukünftigen gemeinsamen Tätigkeit geprägt ist – wer seinen Hund nur deswegen zum Therapiehund ausbilden lassen möchte, um vielleicht in den Genuss einer erlassenen Hundesteuer oder sonstigen Vergünstigungen zu kommen, dem ist dringend von seiner Absicht abzuraten – diese Motivation wird sich in der Praxis nicht bewähren.

Falscher Ehrgeiz ist ebenfalls nicht ratsam – selbst diejenigen, welche davon überzeugt sind, den »idealen« Anwärter als Therapiehund zu besitzen, sollten einerseits darauf vorbereitet sein, dass die Expertenrunde in der Testphase zu einer anderen Ansicht kommt, andererseits auch bereit sein, deren konstruktive Argumente und Ratschläge anzunehmen, und eine solche Entscheidung gegen ihre eigene Überzeugung zu akzeptieren! Sie haben dadurch keinen »schlechten« Hund, er eignet sich einfach nur nicht für die spezifischen Anforderungen eines Therapiehundes – kann aber trotzdem ein toller vierbeiniger Partner sein.

Professionelle Tester beraten jedes Team gerne, um eine weitere Chance für einen späteren Versuch zu ermöglichen!

Die Berührung von Menschenhand sollte ein angehender Therapiehund als angenehm empfinden – auch wenn sie manchmal unerwartet erfolgt. Foto: Imke Niewöhner

6 Lernerfolge: Was Hund und Halter in der Ausbildung lernen

Durch die intensiven Phasen der Ausbildungszeit und deren unterschiedlichen Anforderungen lernen sich Hund und Halter besser kennen – die gute Beziehung untereinander intensiviert sich ungemein!

Vor allem für die angehenden Therapiehundeführer ergeben sich immer wieder neue Erkenntnisse über das Wesen und Verhalten ihrer Hunde. Oftmals zeigen ihre Vierbeiner noch unbekannte Reaktionsweisen. Daher ist die Lernbereitschaft der Besitzer gefragt sowie auch die Offenheit gegenüber neuen Erfahrungen. Vor allem in Bezug auf die Regeln der Hundesprache und der Kommunikation untereinander besteht häufig Interpretationsbedarf durch einen guten »Dolmetscher«, den Team-Trainer.

Insgesamt gesehen steigt die Wertschätzung gegenüber dem eigenen Hund und dessen neuentdeckten Qualitäten.

Der Respekt vor dem Lebewesen Hund und seine – manchmal auch unerklärliche – Wirkung auf mehrfach benachteiligte menschliche Lebewesen wächst stetig an.

Zwar haben auch die Hunde Lernerfolge, indem sie sich in verschiedenen Situationen ruhiger und gelassener lernen zu bewegen – sie werden stressresistenter und damit auch besser kontrollierbar. Aber weit mehr an neuen Eindrücken und Einsichten müssen ihre Besitzer verarbeiten und sich neuartigen Herausforderungen stellen. Dies erweitert den persönlichen Gesichtskreis und öffnet Einblicke in andere Lebenswelten. Die eigene Wahrnehmung wird geschärft.

Durch die praktischen Ausbildungssequenzen werden die Therapiehunde mit ungewohnten Situationen vertraut gemacht – sie reagieren dadurch gelassener und werden stressresistenter.

Der Umgang mit dem »Anderssein« in unserer modernen Leistungsgesellschaft erfordert eine gewisse Öffnung für die ungewöhnlichen Verhaltensmuster Hilfsbedürftiger. Demzufolge gilt es, sich auf die verschiedensten Verhaltensregeln einzulassen, beispielsweise dem Erlernen der sogenannten »Rollstuhletikette« oder bestimmten Techniken im Kontakt mit »Alzheimer«-Patienten, hör- oder sehbehinderten Menschen. Auch depressive Patienten oder solche mit psychischen und psychosozialen Problemen erfordern eine individuelle Kontaktaufnahme.

Ein breites Spektrum von ungewöhnlichen Verhaltensweisen können durch Nervenkrankheiten wie beispielsweise ADHS, ADS, das Tourette- oder das Angelmann-Syndrom ausgelöst werden, auf die ein angehender Therapiehundeführer vorbereitet sein sollte, und mit denen er sich eventuell auseinandersetzen muss. Auch Aphasien (Hirnschädigungen mit Einfluss auf das Sprechvermögen) treten vermehrt – speziell unter Kindern – auf, oder auch andere Sprachstörungen, auf die man gegebenenfalls situationsgerecht reagieren muss. Ob in der Begegnung mit Autisten oder Anfallskranken, Spastikern oder Schlaganfallpatienten, mit Mehrfachbehinderten im Bett oder im Rollstuhl – eine individuelle und angemessene Verhaltenspalette des THTs ist gefragt. Und eben nicht nur die des ausgebildeten Therapiehundeführers, sondern auch die des trainierten Therapiehundes, der situationsgerecht »geführt« werden will und muss.

Auch die Begegnung mit Menschen an Krücken oder im Rollstuhl wird in der Ausbildung geübt – ein ausgebildeter Therapiehund ist mit vielen ungewöhnlichen Bewegungsmustern kranker oder alter Menschen vertraut.

In allen möglichen Einsatzbereichen, von der Kinder-Reha-Klinik bis zur Sterbebegleitung im Hospiz, ist die Konfrontation mit – zum Teil äußerst tragischen – menschlichen Schicksalen zu verkraften.

Die eigene psychische Belastung, insbesondere bei einem erstmaligen Kontakt mit fremdartigen Reaktionen des Gegenübers, ist nicht zu unterschätzen. Daher sind die ersten gemeinsamen, begleitenden Einsätze mit dem erfahrenen Team-Trainer und ein mehrmaliges Hospitieren ausgesprochen hilfreich. Der nachfolgende Austausch im Gespräch ist eine zusätzliche Vorbereitung auf die zukünftige Arbeit als THT.

Ungewöhnliche Bewegungsmuster und eine spontane und feste Umarmung fremder Menschen dürfen einen Therapiehund nicht aus der Ruhe bringen – gelassen reagiert er auf ungewohnte menschliche Verhaltensweisen.

Die Einblicke in die verschiedensten Tätigkeitsfelder erleichtern es den Kursteilnehmern auch, zusammen mit dem Hund ihren optimalen Wirkungsbereich zu finden und kennen zu lernen. Manchmal haben diese Praxistage schon dazu geführt, dass sich einerseits die Besitzer für einen völlig anderen Bereich interessierten als ursprünglich vorgesehen, andererseits aber auch ihre Hunde unerwartete, spezielle Vorlieben und Abneigungen anzeigten.

Alle diese neuen Erfahrungen bringen vielfältige Lernerfolge, die letztendlich für das praktische Engagement des THT von großer Bedeutung sind.

Denn nur ein THT, welches an einem Einsatzort arbeitet, der beiden – Hund **und** Halter – in ihren Fähigkeiten und Neigungen gerecht wird, kann erfolgreich sein und nachhaltige Wirkung bei den Betroffenen erzeugen.

Ein qualifiziertes Therapiehundeteam sollte allerdings auch in der Lage sein, sich bei den unterschiedlichsten Trägern und Institutionen bekannt zu machen, sich vorzustellen und entsprechend wirkungsvoll zu präsentieren. Hierzu geben die meisten Ausbilder ebenfalls allerlei Hilfestellungen, denn die kompetente Kontaktaufnahme und das Repräsentieren von Zwei- und Vierbeinern will gelernt sein.

Darüber hinaus ist der Umgang mit den Medien, einer wirkungsvollen Öffentlichkeits- und Pressearbeit von erheblicher Bedeutung – schließlich soll dem Einsatz eines »Therapiehund-Teams« ein seriöser Ruf erarbeitet und erhalten bleiben.

Die Medienpräsenz ist gerade in der heutigen Zeit umso mehr ein wichtiger Faktor, da es gilt, eine breite Öffentlichkeitswirkung zu erreichen, die sich an eindeutigen Fakten orientieren kann und nicht auf einen Modetrend hereinfällt, der vermeintliche vierbeinige »Wunderheiler« propagiert.

In Zeiten einer nicht besonders hundefreundlichen Gesellschaft ist es wichtig, die positiven Eigenschaften und Verhaltensweisen eines Therapiehundes in das Rampenlicht der Öffentlichkeit zu stellen – auch aus diesem Grunde wäre es ausgesprochen fatal, wenn sich aufgrund leichtsinniger und unseriöser »Ausbildungsprogramme« möglicherweise Vorfälle mit Schadensfolgen für alle Beteiligten ereignen würden. Daher ist einmal mehr auf eine seriöse Vorgehensweise in Ausbildung und Einsatz hinzuweisen!

Eine intensive und seriöse Ausbildung unter gleichgesinnten Menschen mit unterschiedlichen Hunden hat ein gemeinsames Ziel – gefahrlos und zuverlässig als Therapiehunde-Team eingesetzt werden zu können.

7 Die Fragen der Hygiene

Zu den Lerninhalten gehört auch, sich mit den Fragen zur Hygiene zu beschäftigen, denn viele Einsätze finden in Pflegeheimen, Reha-Kliniken oder Spitälern statt.

Die Bedenken hinsichtlich der Gefahr von ansteckenden Krankheiten sind allgemein in den verschiedenen Institutionen und Kliniken vorhanden. Zum Teil mit Recht – aber wenn bestimmte Vorsichtsmaßnahmen getroffen und konsequente Regeln eingehalten werden, können diese Vorbehalte entkräftet werden. Dies beweisen die zahlreichen, unproblematischen Kontakte von THTs zu erkrankten Menschen jeden Alters.

Es sollte selbstverständlich sein, dass ein gepflegter und sauber gebürsteter Hund die Einrichtung betritt – versehen mit einem Versicherungsnachweis, einem aktualisierten Gesundheitszeugnis, geimpft und entwurmt – frei von Ekto- und Endoparasiten (Impfplan und Entwurmungs-Protokoll sollten mitgeführt werden).

Die Hygiene spielt besonders bei Einsätzen im Krankenhaus eine wichtige Rolle – Therapiehund Astor ist regelmäßig unter tierärztlicher Kontrolle und hat ein Gesundheitszeugnis sowie einen Impfpass.

Um den Befall von Flöhen, Läusen, Milben oder Zecken zu verhindern, ist darauf zu achten, dass keine giftigen Schutzmittel eingesetzt wurden, die bei empfindlichen Patienten eventuell eine Allergie auslösen könnten.

Trotz aller Vorsichtsmaßnahmen kann ein Hund Überträger gewisser Infektionskrankheiten sein, sogenannten »Anthropozoonosen«, was aber selten vorkommt.

Trotzdem ist eine regelmäßige Kontrolle durch den Tierarzt unbedingt durchzuführen. Schlimmstenfalls kann eine Durchfallserkrankung vom Hund auf den Menschen – und übrigens auch umgekehrt – übertragen werden.

Bei bettlägerigen Patienten, neben denen der Hund liegen soll, muss für eine spezielle Unterlage gesorgt werden. Nach dem Kontakt ist eine Sauberkeitskontrolle, eventuell auch mit Desinfektionsmitteln, empfehlenswert. Die Hände und die anderen Körperteile, die vom Hund berührt wurden, sollten immer gewaschen werden.

Es ist darauf zu achten, dass ein Berühren des Gesichts mit Schnauze oder Zunge des Hundes – beispielsweise Abschlecken – vermieden wird, sonst riskiert man Infektionsübertragungen. Es sei denn, es handelt sich um eine besondere, kontrollierte Therapieeinheit (Reizfaktor), die manchmal – beispielsweise bei Wachkoma-Patienten – eingesetzt wird.

Generell sollte darauf geachtet werden, dass der Therapiehund von Lebensmitteln und Medikamenten ferngehalten wird – alle Küchenräume (auch die Teeküche) sind tabu! Ebenso die Wäschelager.

Um festzuhalten, welche Räumlichkeiten vom Hund betreten werden dürfen und in welchen Abteilungen ein striktes Hundeverbot herrscht, sollte mit der Leitung und dem Personal des betreffenden Einsatzbereiches ein sogenannter »Hygieneplan« erstellt werden. In diesem wird auch festgeschrieben, wie bei kleineren Verletzungen – zum Beispiel durch Pfotenkratzer – reagiert werden sollte.

Das Berühren des Gesichtes durch eine Hundezunge sollte bei empfindlichen Patienten vermieden werden. Die Übertragungsmöglichkeit von Infektionskrankheiten ist sonst gegeben.

Der offizielle Hygieneplan ist eine klare Arbeitsanweisung, und damit auch eine Rechtsgrundlage für alle Betroffenen. Bei Verstößen können arbeitsrechtliche Folgen auftreten und infolge dessen weitere rechtliche Auseinandersetzungen möglich sein.

Die Krankenhaushygiene ist in Deutschland durch das Bundesseuchengesetz geregelt und wird durch die »Richtlinien für Krankenhaushygiene und Infektionsprävention« des Robert-Koch-Instituts, einer der Nachfolgeorganisationen des aufgelösten Bundesgesundheitsamtes, präzisiert.

In Deutschland gelten als Rechtsgrundlage derzeit:

- **§ 36 Infektionsschutzgesetz**
  fordert von Gemeinschaftseinrichtungen generell die Erstellung eines Hygienekonzeptes
- **BGV C 8 (UVV Gesundheitsdienst)**
  Unfallverhütungsvorschriften der Berufsgenossenschaften im Gesundheitswesen
- **Biostoff-Verordnung (Bio Stoff V)**

Es existiert in Deutschland keine Rechtsnorm, die den Umgang mit Tieren in Einrichtungen des Gesundheitsdienstes eindeutig untersagt. Dennoch ist es empfehlenswert, mit den Gesundheitsbehörden der Bundesländer Kontakt aufzunehmen, da in einigen Ländern unterschiedliche Auflagen erteilt wurden, die eingehalten werden müssen. Beispielsweise gibt es in Bayern eine »Empfehlung für Hygiene und Infektionsprävention in Pflegeeinrichtungen«, die »EHIP 2000«.

Selbst wenn ein Patient dies ausdrücklich wünscht – leider eignet sich nicht jeder Erkrankte für den Kontakt mit einem Therapiehund. Ausgenommen sind Patienten, die:

- **Frisch operiert sind**
- **Offene Wunden haben**
- **Unter infektiösen Erkrankungen leiden**
- **Allergisch reagieren (z. B. Tierhaarallergie)**
- **Ekzeme haben oder unter Neurodermitis leiden**
- **Unter Immunschwäche leiden**
- **Asthma oder andere starke Atemwegserkrankungen haben**
- **Unter schwerer Diabetes leiden**
- **Malignome haben, beispielsweise Leukämie o.a.**
- **Mit multiresistenten Erregern infiziert oder besiedelt sind (Gefahr der aerogenen Übertragung)**
- **Eine Hundephobie haben**
- **Unter schweren psychischen Erkrankungen leiden**

Es ist daher unerlässlich, **vor** jedem Einsatz diesbezüglich mit dem behandelnden Arzt Rücksprache zu halten, damit schon im Vorfeld abgeklärt werden kann, auf welche Patienten Rücksicht genommen werden muss und zu welchen Zeiten die Anwesenheit des Hundes vermieden werden sollte.

Um eventuelle Bedenken der Heim- oder Klinikleitungen zu entkräften, ist es sicherlich von Vorteil, wenn man sich auf professionelle Unterstützung berufen kann. In einer Reihe von Vorträgen, Publikationen, Diplomarbeiten und Dissertationen ist insbesondere durch Dr. med. Andreas Schwarzkopf und Dr. med. vet. Armin Claus durch die Themen »Einsatz von Hunden in Krankenhäusern« und »Hygiene und Therapiehunde« aufgegriffen und wissenschaftlich bearbeitet worden.*

* Die Adressen finden Sie im Anhang.

8 Die Ausbildungsmöglichkeiten in Deutschland, der Schweiz und Österreich

Die Voraussetzungen in den einzelnen Ländern sind recht unterschiedlich. Während in Deutschland das Ausbildungsangebot ziemlich unkoordiniert ist, können Interessierte in der Schweiz und in Österreich ein einigermaßen übersichtliches Angebot vorfinden. In diesen beiden Ländern ist es gelungen, die erforderlichen Maßnahmen zu bündeln und in eine weitestgehend überschaubare, klar strukturierte Bahn zu lenken.

Da der Einsatz eines Therapiehunde-Teams in letzter Zeit auch in Deutschland stärkere Anerkennung erhält und zukünftig mit einer erhöhten Nachfrage durch unterschiedliche Institutionen und Einrichtungen zu rechnen ist, wäre es dringend an der Zeit, eine allgemein gültige Mindestanforderung an die Qualitätssicherung der praktischen Team-Tätigkeiten und der theoretischen Ausbildung einzuführen. Dafür wäre allerdings auch eine halbwegs einheitliche Ausbildungsgrundlage die notwendige Voraussetzung.

Es ist zwar sehr zu begrüßen, dass sich einerseits die Wertschätzung eines »Therapiehunde-Teams« in seiner Arbeit steigert, andererseits besteht die ernst zu nehmende Gefahr, dass vermehrt sogenannte »Therapiehunde-Ausbilder« in irgendwelchen Hundeschulen eine lukrative Marktlücke entdecken. Hier gilt es, schon im Vorfeld einer solchen Entwicklung darauf hinzuweisen, dass

- **eine Ausbildung generell für Hund und Halter gelten muss,**
- **nur der eigene Hund – kein »Leihhund« – für die Ausbildung des Therapiehundeführers verwendet werden darf,**
- **der Schutz des Hundes oberstes Gebot ist (IAHAIO-Richtlinien),**
- **die Ausbildung zum »Therapiehunde-Team« von erfahrenen Praktikern durchgeführt wird,**
- **die Ausbildungszeit sich über einen längeren Zeitraum erstreckt und nicht an einem einzigen Wochenende »abgehakt« wird.**

Jeder, der sich für die Teilnahme an einer Ausbildungsmöglichkeit für sich und seinen Hund interessiert, sollte die existierenden Angebote zumindest in diesen genannten fünf Punkten überprüfen.

Die Ausbildungsvarianten

Es gibt im Grunde drei Varianten, die eine unterschiedliche Zielrichtung haben:

1. Besuchsdienst mit Hunden
2. Pädagogisch/therapeutischer Einsatz mit Hunden
3. Berufsspezifischer Einsatz des Therapiehundes

Zwar lassen sich diese drei Bereiche nicht klar voneinander trennen und die Ausbildungsinhalte einiger Kursanbieter überschneiden sich diesbezüglich, aber es ist einfach ein Unterschied, ob man mit seinem Hund gelegentliche Besuche im Seniorenheim machen möchte, den Hund in ein Förderzentrum für Behinderte mitnehmen möchte oder ihn in seiner eigenen ergo- oder physiotherapeutischen Praxis einsetzen will. Daher ist es empfehlenswert, sich schon während der Suche nach einem Ausbildungsangebot darüber klar zu werden, welchen Team-Einsatz man selbst mit dem Hund eigentlich wahrnehmen kann und möchte.

Zu betonen ist, dass jeder Hundehalter und jeder Hund – ohne Vorbildung oder spezielle Prüfungen – als »Therapiehunde-Team« arbeiten kann, sofern die Eignungsverfahren bestanden werden und die tierärztlichen Kontrollen ohne Beanstandungen absolviert wurden.

Besuchsdienste mit Hunden in Senioren- und Pflegeheimen, Kindergärten und Schulen

Für diesen Einsatzbereich existiert meistens kein regelrechtes »Ausbildungskonzept« – die meisten Vereine, die sich seit vielen Jahren um die ehrenamtliche Arbeit mit alten Menschen kümmern und den Einsatz von Hunden im sozialen Umfeld unterstützen, wie beispielsweise »Tiere helfen Menschen e.V.«, führen für engagierte Hundehalter informative Vorträge und betreute Praxiseinsätze durch. Manche Vereine organisieren mittlerweile auch seriöse Eignungstests und tierärztliche Untersuchungen, wie beispielsweise »Leben mit Tieren e.V.« in Berlin. Darüber hinaus haben sich die Besuchsdienste auf Kindergärten und Schulen erweitert.

Meistens wird zu Beginn des Kontaktes das Ausfüllen eines Fragebogens verlangt und es erfolgen anschließend Gespräche mit dem Vereinsträger und Vertretern der interessierten Institution. Von erfahrenen Betreuern werden Hund und Halter während der ersten Praxiseinsätze begleitet – je nachdem über einen Zeitraum bis zu einem halben Jahr. Diese Betreuung erfolgt ehrenamtlich durch die Vereinsmitglieder und ist daher in den meisten Fällen kostenfrei. Es wird eine spezielle Plakette für den Hund und ein Nachweis für den Halter ausgehändigt, um vor allem eine gewisse Wertschätzung zukommen zu lassen und darüber hinaus über ein Erkennungsmittel zu verfügen.

Die Ursprünge der heutigen umfassenden Bewegung in den unterschiedlichen tiergestützten Einsatzbereichen liegen im Engagement vieler dieser – immer noch aktiven – ehrenamtlich Tätigen, deren unverzichtbaren und wegweisenden Bemühungen eine allgemeine Würdigung zusteht. Die oftmals anzutreffende, etwas abschätzende Bewertung »nur« einen Hundebesuchsdienst durchzuführen, ist in keiner Weise gerechtfertigt und in der heutigen Zeit mehr denn je erforderlich.

In Deutschland ist ein einziger, aktiver Verein schon langjährig, und nahezu flächendeckend, aktiv – »Tiere helfen Menschen e.V.« mit Sitz in Würzburg, unter dem Vorsitz von Graham Ford (weitere Hinweise siehe Anhang).

Pädagogisch / therapeutische Einsätze mit Hunden

In allen drei deutschsprachigen Ländern orientieren sich die seriösen Kursanbieter an den Grundlagen und Ausbildungsnormen der »Delta Society« in Renton/USA. Einige haben ihre Ausbildungskonzepte mittlerweile erweitert und den aktuellen Erfordernissen angepasst.

Das Grundmuster lautet bei fast allen Anbietern gleich:

Zunächst müssen Hund und Halter ein Informationsgespräch führen, eventuell eine unverbindliche Praxisbegleitung (ohne Hund) machen und gemeinsam einen Eignungstest bestehen. Danach folgen die theoretischen und praktischen Ausbildungseinheiten und schlussendlich muss eine Abschlussprüfung in Theorie und Praxis abgelegt werden. Hund und Halter bezeichnen sich dann als »Therapiehunde-Team«.

Der gesamte Zeitraum bewegt sich etwa zwischen 30 und 50 Stunden, aufgeteilt in einzelne Tage, Wochenenden und/oder Wochenseminare. Hinzu kommen meistens einige praktische Assistenzeinsätze und die Prüfungstage.

Manche Kursanbieter ermöglichen zwischen Eignungstest und Abschlussprüfung einen individuellen zeitlichen Spielraum im Modulsystem, andere haben eine feste Zeitvorgabe.

Zu empfehlen ist ein Ausbildungskonzept der kleinen Schritten, in mehreren Einheiten, damit Hund und Halter ihre Eindrücke gut verarbeiten können und keiner von beiden unter vermeidbaren Stresseinfluss gerät (siehe Kontaktadressen im Anhang).

Berufsspezifischer Einsatz des Therapiehundes

Einige wenige Träger bieten in Deutschland eine spezielle Weiter- bzw. Zusatzausbildung berufsbegleitend im jeweiligen Fachbereich an. Es werden dabei ausschließlich Pädagogen, Sozialarbeiter, Lehrer, Psychologen, Psychotherapeuten, sowie Ergo- und Physio-Therapeuten, Logopäden, Pfleger und Ärzte angesprochen, die in ihrem jeweiligen Berufsfeld tiergestützt mit den eigenen Hunden arbeiten wollen.

Diese Zusatzausbildung beläuft sich auf einen längeren Zeitraum (oft mehrere Monate), ist meistens zeitlich variabel und auf den jeweiligen, speziellen Einsatzbereich zugeschnitten. Auch hier erfolgt eine praktische und theoretische Abschlussprüfung, deren erfolgreiche Absolvierung mit einem Zertifikat bestätigt wird – Hund und Halter nennen sich dann »Therapiebegleithunde-Team«. Allerdings ist auch dieser Begriff nicht geschützt – ein Dilemma im gesamten Ausbildungsbereich der tiergestützten Arbeit, das für generelle Verwirrung in den unterschiedlichen Einsatzbereichen sorgt und Tür und Tor öffnet für jedweden Missbrauch (siehe Kontaktadressen im Anhang).

Darüber hinaus gibt es seit dem Jahre 2003 in Österreich die Möglichkeit eines TAT-Universitätslehrganges »Tiergestützte Therapie & tiergestützte Fördermaßnahmen«.

Die Zielsetzung lautet: »Qualifikation zur akademisch geprüften Fachkraft für tiergestützte Therapie und tiergestützte Fördermaßnahmen für den professionellen Einsatz von Tieren in der Betreuung von Menschen aller Altersgruppen, im Besonderen von Menschen mit einem erhöhten Förderbedarf (verhaltensauffällige, behinderte, kranke Menschen) im Sinne der Ge-

Der Universitätslehrgang »Tiergestützte Therapie und tiergestützte Fördermaßnahmen« des Vereins »Tiere als Therapie« an der Veterinärmedizinischen Universität Wien wird nicht nur von interessierten Menschen besucht – auch die Therapiehunde dürfen dabei sein.

sundheitsförderung, sowie zur Hebung der Lebensqualität und des Wohlbefindens. Lehrgangsabsolventen sind qualifiziert für ein eigenverantwortliches, tiergestütztes therapeutisches und/oder pädagogisches sowie gesundheitsförderndes Arbeiten im Rahmen von Institutionen und in der freien Praxis.« (vgl. TAT-Universitätslehrgang)

Es können an der Ausbildung teilnehmen :

- **Personen mit abgeschlossenem Studium in einem pädagogischen, sozialen, medizinischen und biologischen Bereich**
- **Personen mit abgeschlossener Berufsausbildung in einem entsprechenden Berufsfeld**
- **Personen mit großer praktischer Erfahrung in einem entsprechenden Berufsfeld**
- **Sechs Lehrgangsplätze pro Lehrgang stehen Interessierten aus anderen Berufsfeldern zur Verfügung**

Die Aufnahme erfolgt nach einem absolvierten Gespräch mit der Prüfungskommission (pro Lehrgang max. 45 Personen).

Dauer: Vier Semester, zeitlich angeboten als berufsbegleitender Lehrgang.

Der Lehrgang ist kostenpflichtig.

(weitere Infos unter: www.tierealstherapie.org/uni_lehrgang.php)

Ab Wintersemester 2007 wird es erstmalig in Europa die Möglichkeit geben, ein interuniversitäres Studium an der Universität Wien zu absolvieren! Es wird ein Bachelor- und Master-Studium der Mensch-Tier-Beziehung sein, mit dem Schwerpunkt in den Bereichen tiergestützter Therapie und Pädagogik (weitere Infos bei TAT in Wien, Adresse im Anhang).

Die Kosten

Die Befähigung zur Durchführung von **Hundebesuchsdiensten** wird von den überwiegend ehrenamtlich Tätigen meistens kostenlos durchgeführt. Lediglich die Kosten für einen eventuellen Eignungstest müssen in der Regel übernommen werden. Die Ausbildungskosten für ein **Therapiehunde-Team** liegen etwa zwischen 150,-- und 300,-- Euro bzw. um die 250,-- Sfr, hinzu kommen manchmal die Gebühren für den Eignungstest (zwischen 25,-- und 50,-- Euro) und eventuelle Ausbildungsmaterialien. Die berufsbegleitende Weiter- bzw. Zusatzausbildung zum Therapiebegleithunde-Team kann bis zu etwa 3.000,-- Euro betragen.

Die Kostenübernahme der Ausbildung

Es gibt in diesem Punkt leider keine einheitliche Regelung – manche Arbeitgeber, Vereine oder Verbände übernehmen die Kosten teilweise, selten in vollem Umfang.

In den überwiegenden Fällen kommen die engagierten Hundehalter für die Ausbildungskosten selbst auf, haben aber vielerorts die Möglichkeit, den anerkannten Therapiehund von der Hundesteuer befreien zu lassen.

Leider ist es – trotz intensiver Bemühungen in allen drei Ländern – bisher noch nicht gelungen, dass die Krankenkassen die Wirkung der tiergestützten Therapie mit dem Hund anerkennen. Im Gegensatz zu den Gepflogenheiten in den USA – hier besteht eine große Akzeptanz der »Animal Assisted Therapy«. Die Krankenkassen übernehmen längst die Einsatzkosten für die Therapiehunde-Teams. Hier noch unvorstellbar – dort aber kann der Einsatz eines Therapiehundes per Krankenschein verordnet werden.

Ehrenamtliche Tätigkeit oder professioneller Einsatz, freiwillige Leistung oder angemessene Vergütung?

Das Thema ist Zündstoff und aktueller Diskussionspunkt zugleich:

- Profitlose Ehrenamtlichkeit oder angemessene Aufwandsentschädigung?
- Wo fängt finanzielle Ausbeutung an und wo hört gemeinnütziges Engagement auf?
- Welche finanzielle Konstellationen führen zum möglichen Verschleiß des Hundes?
- Welche Bedingungen führen dazu, dass ein Therapiehund lediglich als Mittel zum Zweck dient, nämlich den Lebensunterhalt des Hundehalters zu verbessern?
- Wer kann überhaupt darüber bestimmen, inwieweit der Einsatz eines Therapiehundes zum Gelderwerb führen darf?

Die Bandbreite der aktuellen Möglichkeiten ist groß – zwischen einem ehrenamtlichen Einsatz beim VTHS und der Gründung einer sogenannten »Pfotentreff GmbH« in der Schweiz liegen sicherlich Welten. Die einen arbeiten profitlos im Verein, die anderen sind in einem gewinnorientierten Unternehmen auf Einnahmen angewiesen.

Auch in diesem Punkt existiert leider keine einheitliche Vorgehensweise – zum Schutz des Hundes wäre dies aber dringend notwendig.

9 Die Schwerpunkte der Ausbildung zum »Therapiehunde-Team«

Es ist zu unterscheiden, ob es sich bei einem Ausbildungsangebot für Hund und Halter um eine universale oder eine spezielle berufsbegleitende Variante im eigenen Berufsbereich handelt. Während die Ausbildungssequenzen für berufsfremde Laien und ihre Hunde einen umfassenden Einblick und eine allgemeine Schulung in einem überschaubaren Zeitraum ermöglichen, dauern die fachlich geprägten Aus- und Weiterbildungseinheiten über einen längeren Zeitraum und sind auf den jeweiligen zukünftigen Einsatzbereich zugeschnitten.

Da es keine einheitlichen Vorgehensweisen im Ausbildungskonzept der jeweiligen Anbieter gibt und auch die Ausbildungsinhalte teilweise unterschiedlich sind, wird sich im Folgenden auf einige beispielhafte Konzepte erfahrener Vereine und ihrer Team-Trainer bezogen werden.

Alle Kursanbieter führen eine erste Informationsveranstaltung durch oder geben den Interessierten ausführliche telefonische Auskünfte vor dem eigentlichen Eignungstest oder der Teamüberprüfung.

Danach erfolgt die Anmeldung. Diese bezieht sich lediglich auf die Prüfung zur Eignung von Hund und Halter und bedeutet keine automatische Mitgliedschaft im jeweiligen Verein. Dieser Test muss allerdings extra bezahlt werden – gleichgültig, ob die Überprüfung der Eignung zur weiteren Ausbildung führt, oder nicht. Für alle Prüfungssequenzen gilt die Leinenpflicht, mit Ausnahme bei einzelnen, kurzen Übungseinheiten und dem kontrollierten Freispiel.

Die späteren Praxiseinsätze werden ebenfalls angeleint durchgeführt – es sei denn, das Therapiehunde-Team hat eine spezielle Qualifikation zum Einsatz ohne Leine erworben, wie sie beispielsweise »TAT« anbietet.

Das Alter der Hunde sollte sieben Jahre nicht überschritten haben – zur Abnahme der Abschlussprüfung darf bei den meisten Kursanbietern der Hund nicht jünger als 18 Monate sein. Es ist zwar vereinzelt möglich, sogenannte »Junghundetests« im Alter zwischen sechs und 18 Monaten zu absolvieren, eine Teilnahme an der Therapiehunde-Abschlussprüfung erfolgt aber trotzdem erst im Alter von anderthalb Jahren.

Die Eignungsüberprüfung

(siehe hierzu auch Kapitel »Der Schutz des Hundes«)

In Anlehnung an die Empfehlungen und Vorgaben der »Delta Society«/USA, laufen die meisten dieser Verfahren nach einem fast einheitlichen Muster ab. In Anwesenheit eines Tierarztes und mehreren Team-Trainern bzw. Ausbildungsleitern sind folgende praktische Übungen, etwa 4 - 6 Wochen vor Ausbildungsbeginn, durchzuführen:

- **Der Hund soll ohne zu ziehen an lockerer Leine mit dem Besitzer laufen können, mit Seitenwechsel links und rechts. Er soll von einer Fremdperson geführt werden können.**
- **Der Hund soll ohne zu knurren, bellen oder Angriffslust zu zeigen an der Leine unter ebenfalls angeleinten, fremden Hunden durcheinander laufen können.**
- **Der Hund soll sich ruhig verhalten (Sitz! oder Platz!), wenn sich zwei Hundeführer mit angeleintem Hund begrüßen, sich die Hände reichen und kurz plaudern.**
- **Der Hund soll ruhig dulden, wenn ihn eine Fremdperson überall am Körper berührt, die Lefzen hebt und den Fang öffnet.**
- **Der Hund soll bei unerwarteten Geräuschen (z. B. bei etwas Schepperndem) nicht ausrasten oder sich ängstlich-verstört zeigen. Einmaliges Bellen, Aufspringen oder einen Moment stutzen ist erlaubt.**
- **Der Hund soll wenig Reaktion zeigen, wenn ein Mensch an Krücken einen Stock hochzieht. Unerwünscht: aggressive oder beschützende Reaktionen.**
- **Der Hundeführer soll zeigen, dass er mit seinem Hund kurz spielen und Ihn dann wieder zur Ordnung rufen kann (mit oder ohne Spielzeug).**
- **Der Hund sollte neben einem Gefährt (Einkaufs- oder Kinderwagen) angeleint laufen können.**
- **Der Hund sollte es aushalten, ca. drei Minuten von einer Fremdperson an der Leine gehalten zu werden, während der Halter außer Sicht geht. Der Hund darf sitzen, stehen oder liegen, soll aber nicht ständig bellen oder winseln.**
- **Der Hund soll eine Minute unangeleint sitzen oder liegen bleiben, wenn der Hundeführer etwa zehn Meter vor ihm steht (vgl. VTHS-Eignungstest).**

Ein Hund soll während der Eignungsprüfung ruhig dulden, dass eine Fremdperson die Lefzen hebt und den Fang öffnet.

Das Spiel mit dem Hund sollte auch mit Fremdpersonen möglich sein – auf Abruf lässt der Hund das Spielzeug los.

Es sind dies die zehn Sequenzen, wie sie beispielsweise vom »VTHS« in der Schweiz als Grundlage für das Bestehen des Eignungstests geprüft werden.

Darüber hinaus erfolgt eine tierärztliche Kontrolle. Es wird vorausgesetzt, dass der Hund sauber und gepflegt erscheint, gechipt ist und ein tierärztliches Gesundheitszeugnis und der Impfpass mitgeführt werden.

Außerdem muss der Nachweis einer ausreichenden Hunde-Haftpflichtversicherung vorgelegt werden.

Manche Kursanbieter haben die Prüfungspunkte etwas erweitert. Beispielsweise hat »THL« in Österreich

- **die »Berührungen durch eine Fremdperson« auch auf das Pfotenabtasten und -aufheben (Hund darf Pfote zurückziehen), sowie eine Ohrenkontrolle, ausgedehnt.**

Des Weiteren wird verlangt:

- **Der Hund soll sich bei leichtem Anrempeln im Sitzen oder Liegen ruhig verhalten. Der Hund darf zurückweichen und aufstehen, sich aber nicht aggressiv verhalten.**
- **Der Hund soll sich beim Umarmen durch eine fremde Person ruhig verhalten. Der Hund darf zurückweichen, sich aber nicht aggressiv verhalten.**
- **Der Hund soll Futter, sowohl von der flachen Hand als auch aus den Fingern, behutsam aufnehmen.**

Darüber hinaus:

- **soll sich der Hund von einem Tierarzt die Hinterläufe dehnen lassen, um eine eventuelle Schmerzempfindlichkeit überprüfen zu können, und**
- **der Hund soll sich beim Abtasten des Hinterteils, insbesondere der Hüftgegend, durch einen Tierarzt ruhig verhalten und das Anfassen der Rute erlauben.**
- **Beobachtet wird von der Prüfungskommission ebenfalls, ob der Hundehalter durch sein eigenes Verhalten den Hund nervös macht oder nicht (vgl. THL-Richtlinien zum Eignungstest).**

Den Kontaktversuch und die Umarmung einer Fremdperson sollte ein Hund zulassen können – er darf zurückweichen, sich aber nicht aggressiv verhalten.

Das Abtasten des Hinterteils und der Hüftgegend durch andere muss ein Hund zulassen können – daher ist es wichtig, schon als Welpe und Junghund an diese Berührungen gewöhnt zu werden.

Alle Übungen sollen freudig gezeigt und können durch Sichtzeichen unterstützt werden. Die Motivation und Belohnung mit einem Leckerli oder durch Spiel sind erlaubt.

Einzelne Mängel im Verhalten werden toleriert, sofern absehbar ist, dass diese im Laufe des Kurses behoben werden können.

Um eine »Eignung« für die weitere Ausbildung eines angehenden Therapiehunde-Teams feststellen zu können, reichen diese Anforderungen aus. Es zeigt sich während des etwa halbstündigen Prüfungsablaufs sehr deutlich, ob ein Hund und/oder sein Halter überfordert oder einfach noch nicht erfahren genug ist/sind, um eine weitere Ausbildung antreten zu können.

Je intensiver die Grundschulung des betreffenden Hundes war, umso leichter wird ihm die problemlose Absolvierung der oben genannten Aufgaben fallen.

Wird der Eignungstest nicht bestanden, so kann er meistens zu einem späteren Zeitpunkt wiederholt werden. Dem Hundehalter wird in der Regel eine Erklärung über die Gründe des Ausscheidens gegeben und eine Hilfestellung angeboten.

Ist der Eignungstest bestanden, kann die weitere Ausbildung angefangen werden.

Eine andere Vorgehensweise wird von »TAT« in Wien praktiziert – im Verlauf der Ausbildung wird das Tier durch die Ausbildungsleitung an die Aufgaben des Eignungstests herangeführt. Prüfungspunkte wie:

- **Umweltsicherheit in verschiedensten Situationen**
- **Sozialverträglichkeit mit verschiedenen anderen Hunden**
- **Ausreichender Trainingsstatus und sehr gute Beziehung zur HundeführerIn**
- **Unerschütterliche Freundlichkeit gegenüber fremden Menschen und**
- **Vorsichtiges Nehmen des Futters von Fremden, ohne gieriges Schnappen**

werden nach TAT-Richtlinien, den momentanen Möglichkeiten des Tieres bestmöglich angepasst, getestet.

Nur Hunde, die bereits alle oben genannten Punkte meistern, können die Ausbildung mit der Prüfungsvorbereitung fortsetzen.

Während der Ausbildungseinheiten wird das Verhalten des Hundes von einer Helferin an Hand einer Skala notiert. Die Ausbildungsleiterin fügt eine

Umweltsicherheit und Freundlichkeit gegenüber fremden Menschen – besonders wenn sie aufgeregt und lärmend in einer Gruppe auf das Team zulaufen – sind wesentliche Trainingsinhalte der Ausbildung.

Das enge Zusammenstehen darf vom angehenden Therapiehund nicht als Bedrohung empfunden werden – er muss ruhig auf den Therapiehundeführer fixiert sein.

kurze Wesensbeurteilung des Tieres an. Diese enthält eine Beschreibung der bei dieser Momentaufnahme auffällig gewordenen Stärken und Schwachpunkte von Tier und Mensch, und welche Copingstrategien (Abwehr, Ausweichen, Albern, Abwarten) das Tier momentan zu bevorzugen scheint.

Tiere mit bereits hier auszulösendem aggressiven Display (Knurren, Zähne zeigen, heftiger Widerstand u.ä.) sind, unabhängig davon, ob das aus Unsicherheit oder aus einem anderen Grund geschieht, für die Ausbildung als Therapietier nicht geeignet. Bei sehr unsicheren Tieren ist der Hundeführer darüber aufzuklären, dass in diesem Fall ein unverhältnismäßiger Trainingsaufwand notwendig wäre, bis dieser Hund den Anforderungen eines Einsatzes annähernd entsprechen kann.

Der von der Ausbildungsleiterin zu unterschreibende Testbogen wird zu den Prüfungsakten genommen und wird im Falle einer späteren Prüfungsanmeldung berücksichtigt (vgl. TAT-Ausbildungsrichtlinien).

Die Ausbildung zum Therapie(begleit)hunde-Team

Im deutschsprachigen Raum werden verschiedene Ausbildungsvarianten angeboten. Sowohl in den inhaltlichen Schwerpunkten als auch in den praktischen Übungen sind zum Teil unterschiedliche Maßstäbe angelegt.

Es ist bei der Auswahl des Kursanbieters darauf zu achten, dass sowohl der Hund als auch der Halter eine spezielle Schulung durchlaufen müssen – dies braucht Zeit und ist nicht an einem einzigen Wochenende abzuhandeln!

Es gibt tatsächlich sogenannte »Ausbilder«, die schon nach einem abgeschlossenen Eignungstest einen »Therapie«-Hund einsetzen ... Ein solches Vorgehen ist unverantwortlich! Ein qualifizierter Kursanbieter legt Wert auf eine fundierte Vorbereitung des angehenden Therapiehundeführers.

Während der Ausbildungszeit beschäftigen sich die Prüfungsanwärter mit theoretischen Fragen aus den Bereichen der Pädagogik, der Psychologie, der Geriatrie und der Physiotherapie sowie dem kynologischen Fachwissen. Das vermittelte Informationspotenzial ist ausgesprochen umfangreich und bezieht sich auf alle Altersklassen – von der Rollstuhletikette über den Umgang mit Alzheimer-Patienten bis hin zu Maßnahmen im Rehabilitationsbereich und dem Verhaltenskodex bei Einsätzen in der Psychiatrie. Ziel ist, sich angemessen verständigen und verhalten zu können und einen Überblick über die Einsatzmöglichkeiten zu erhalten.

Der praktische Teil verläuft immer mit Hund und Halter zusammen – es soll ja letztendlich ein »Team«-Einsatz geleistet werden. Die Trainingseinheiten sollen den Hund mit allem vertraut machen, was ihm im speziellen Einsatz begegnen könnte. Sowohl die verschiedenen Hilfsmittel wie Rollstühle, Krücken oder Rollatoren sind gewöhnungsbedürftig als auch die ungewöhnliche Umgebung, wie glatte Krankenhausböden, fremde Gerüche oder schlagende Türen und andere ungewohnte Geräusche. Auch mit dem ungewöhnlichen Verhalten von Patienten, die andere Bewegungsmuster haben, außergewöhnlich gekleidet sind oder plötzliche Schreie ausstoßen, werden die Hunde vertraut gemacht. Sie üben, von fremden Menschen ungeschickt angefasst zu werden oder dass jemand über sie stolpert.

An viele ungewohnte Dinge muss sich ein Therapiehund gewöhnen – fremde Gerüche, außergewöhnliche Geräusche sowie glatte Böden und Treppen.

Plötzlich von einer unbekannten Menschengruppe umringt zu werden ist ebenso Trainingsinhalt wie die ungestüme Berührung von mehreren fremden Händen am ganzen Körper.

Sowohl der Umgang mit ungewöhnlichen Menschengruppen als auch das Verhalten unter Artgenossen – im Freispiel und an der Leine – sind Übungseinheiten, die dazu führen sollen, dass ein geschultes Therapiehunde-Team nach der Ausbildung alltägliche und außergewöhnliche Situationen im Einsatz meistern kann. Es ist üblich, dass die Prüfungsanwärter mit ihren Hunden verschiedene Institutionen besuchen und vor Ort durch die Anwesenheit erfahrener Teams die Möglichkeit für einen praktischen Einblick erhalten.

Die abschließende Prüfung hat theoretische und praktische Teile – manche Kursanbieter verbinden das Bestehen der Prüfung zusätzlich mit der anschließenden Absolvierung von mehreren »Assistenzbesuchen« der Teams unter der Aufsicht von ausgebildeten Betreuungsteams in unterschiedlichen Einrichtungen.

Die Abschlussprüfung

a) Praktischer Teil

Beispielhaft werden fünf praktische Aufgabenstellungen aus dem umfangreichen Abschlusstest mit insgesamt 18 Testsequenzen der »IGTH« vorgestellt:

Wenn eine Fremdperson ihn überall abtastet, ihn auf Sauberkeit untersucht und ihn anschließend bürstet, muss der Hund dies alles gelassen hinnehmen.

- Zweck: Der Hund soll es hinnehmen, von einer Fremdperson gepflegt zu werden.
  Ausführung: Je nach Größe ist der Hund auf einem Pflegetisch oder am Boden vorzuführen. Die Führperson kann den Kontakt über die Leine halten und dem Hund beruhigend zureden.
  Der Richter untersucht den Hund ob er sauber, gepflegt und gesund wirkt, ein korrektes Gewicht hat. Er kämmt oder bürstet den Hund kurz und untersucht die Ohren und Vorderpfoten. Abschließend gibt er einen Leckerbissen mit Beachtung der Art der Annahme (manierlich?).
  Bewertung: Der Hund darf weder Angst noch Scheu zeigen. Er darf nicht bellen, knurren oder sogar schnappen/beißen oder nervös zappeln. Er soll das Geschehen gelassen hinnehmen.

- Zweck: Der Hund soll sich schnell wieder fassen und zum ordentlichen Verhalten gebracht werden können nach einer überraschenden, fühlbar unangenehmen Einwirkung durch eine Fremdperson.
  Ausführung: Das Team marschiert in vorgegebener Richtung. Der Helfer begegnet dem Team von vorne und geht vorbei, dann kehrt er um, kommt von hinten ohne Warnung zurück und stößt den Hund seitlich mit der Hand an und geht wortlos weiter.
  Bewertung: Der Hund darf kurz

Eine unerwartete Berührung von hinten darf den Hund nicht irritieren – Richterin Susanne Müller (IGTH) testet dies.

überrascht stutzen, seine Position wechseln, Laut geben oder japsen. Er soll sich aber an seiner Führperson orientieren, die ihn kurz beruhigen darf, und sich rasch von diesem überraschenden, unangenehmen Zwischenfall erholen. Ängstliches Verhalten, übernervöse und aggressive Reaktion des Hundes führen zum Ausschluss.

Die Begegnung mit Personen, die starke Emotionen und ungewöhnliche Bewegungsmuster zeigen, sollte den Hund nicht aus der Ruhe bringen.

- Zweck: Der Hund soll sich nicht aus der Fassung bringen lassen und ruhig bleiben, auch wenn in seiner Umgebung Menschen starke Emotionen und ungewohnte Bewegungsmuster zeigen.
  Ausführung: Eine Hilfsperson kommt mit Stock, stolpernd, hinkend und mit wilden Armbewegungen in den Raum, bewegt sich am Team vorbei (ca. 2 m). Auf der Höhe des Teams stößt sie laute, zornige Worte und unverständliche Artikulationen aus und torkelt dann weg.
  Bewertung: Der Hund darf einen Moment stutzen oder auch leichte Erregung zeigen und seine Position wechseln. Im Übrigen soll er ruhig und gelassen wirken und sich an seiner Führperson orientieren. Nach dem Weggang der Hilfsperson soll sich der Hund schnell wieder gefasst haben. Erschreckt an der Leine zerren, kläffen, hochspringen an der Führperson oder Verteidigungsverhalten sind nicht statthaft.

- Zweck: Der Hund soll es gelassen hinnehmen, von mehreren Leuten gleichzeitig umringt, bedrängt und überschwänglich gestreichelt zu werden.
  Ausführung: Der angeleinte Hund sitzt bei seiner Führperson. Drei fröhlich aufgeregte Leute kommen in den Raum und gehen gleichzeitig auf den Hund zu und umringen diesen. Eine Person setzt sich auf einen (Roll)Stuhl, eine zweite bleibt stehen und eine dritte kniet auf dem Boden. Sie reden laut durcheinander und versuchen alle gleichzeitig, den Hund zu streicheln (max. 30 Sekunden), dann verlassen sie den Raum.
  Bewertung: Der Hund soll die laute Prozedur willig und geduldig über sich ergehen lassen und sich von dem aufgeregten Geschnatter nicht irritieren

lassen. Ängstlichkeit, starke Stressanzeichen, ständiges Hochspringen, Verteidigungsverhalten oder Angriff sind Gründe für ein Nichtbestehen dieses Testes.

- Zweck: Der Hund soll auch bei unerwarteten Anblicken und plötzlichen ungewohnten Geräuschen unter Kontrolle bleiben und sich an der Führperson orientieren.
  Ausführung: Von den unten aufgelisteten Ablenkungen wählt das Prüfteam mindestens zwei Tests. Einmal visuelle Ablenkung, einmal unerwartetes Geräusch. Dieser Test kann in der Gruppe ausgeführt werden (aufgestellt in einer Reihe, Mindestabstand drei Meter). Mögliche Ablenkung:
  - Jogger, vorn und hinten, 2 m
  - Person auf Fahrrad, vorn und hinten, 2 m
  - Person auf Rollerblades, vorn u. hinten, 2 m
  - Menschengruppe lachend, sich stoßend, sich anrempelnd, händeklatschend, u. ä.
  - Scheppernde Gegenstände hinter Hund
  - Einkaufswagen mit scheppernden Flaschen
  - Lautes Instrument, plötzlicher Tonstoß
  - Ungewöhnlich gekleidete Person
- Bewertung: Der Hund darf natürliche Neugier und Interesse zeigen, überrascht kurz stutzen, an seinem Platz die Position wechseln. Er soll jedoch keine Angst oder gar Panik zeigen oder versuchen wegzurennen oder aggressiv zu werden. Auch Hochspringen am HF oder Kläffen ist nicht gestattet (vgl. IGTH-Prüfungsrichtlinien zum Abschlusstest der Therapiehunde-Teams 2006).

Unerwartete Anblicke von Menschen mit verschiedenen Bewegungsabläufen, verbunden mit ungewohnter Geräuschkulisse, sollten vom Hund ohne Stressreaktionen verkraftet werden können.

Einige neue Punkte während der praktischen Therapiehunde-Prüfung hat TAT hinzugefügt. Es sind dies, auszugsweise:

- *Abrufen unter Ablenkung*
  Der HF zeigt beim Freilauf mindestens dreimal, dass sich der Hund in verschiedenen Situationen prompt abrufen lässt. Signal zum Abrufen darf einmal wiederholt werden. Der sich bereits nähernde Hund darf ermuntert werden.

- *Begrüßung und Identitätsprüfung des Hundes*
  Der Hund sitzt neben dem HF an lockerer Leine, Prüfer gibt HF zur Begrüßung die Hand, spricht den Hund kurz an, benutzt dann das Chip-Lesegerät. Hund soll sich gelassen zeigen, darf dem Chiplesegerät minimal ausweichen, soll Prüfer oder fremde Person nicht anspringen.

- *Wiederholung von Futtergabe mit Frustration*
  Der Hund sitzt neben dem HF. Prüfer reicht dem Hund ein zweites Frühstück, hält einen kleinen Bissen zwischen Daumen und Fingern versteckt (5 Sek.). Hund darf nicht ungestüm nach dem Futter schnappen, Prüfer anspringen, fordernd bellen, nach weiterem Futter stöbern oder die Finger des Prüfers derb ins Maul nehmen. HF darf den Hund mit leiser Stimme zum Sitzen bleiben ermahnen.

- *Freifolge*
  Der HF leint, 30 Schritte entfernt von der Gruppe, den neben ihm sitzenden Hund ab und kommt mit dem frei folgenden Hund zur Gruppe zurück. Dabei zeigt das Team jeweils ein Hinsetzen und ein Hinlegen an beliebiger Stelle für mindestens 5 Sekunden. In einiger Entfernung von der Gruppe wird der Hund noch einmal abgesetzt und angeleint. Der Hund sollte an der Seite des HF bleiben und aufmerksam folgen, die geforderten Positionen sollten gehalten werden.

- *Führen durch einen Fremden*
  Der HF übergibt die Leine des Hundes an einen Helfer, der ihn entlang derselben Strecke wie o.g. begleitet. Der Hund geht dabei zwischen HF und der Fremdperson, die seine Leine hält. Hund sollte sich gelassen und gesittet führen lassen.

(Weitere Punkte siehe neue TAT-Prüfungsordnung, 2006)

b) Theoretischer Teil

Es findet eine schriftliche Prüfung statt, die in einem bestimmten Zeitrahmen abgelegt werden muss. Der Fragenkatalog dient zur Überprüfung der allgemeinen und fachspezifischen Sachkunde und besteht aus 20 - 30 Fragen, deren Inhalte während der Ausbildungssequenzen behandelt wurden. Entweder müssen diese im Multiple-Choice-Verfahren beantwortet werden oder in kürzeren schriftlichen Ausführungen. Die Fragen beziehen sich sowohl auf die Kenntnisse zum Hundeverhalten, zur Hundeerziehung, zur Hundehaltung und -versorgung sowie zu Maßnahmen der Ersten Hilfe als auch auf Kenntnisse des Therapiehundeführers im Umgang mit dem zukünftigen Klientel der verschiedenen Fachbereiche. Etwa 80 % des umfangreichen Fragenkatalogs müssen im Allgemeinen richtig beantwortet werden, um die theoretische Prüfung zu bestehen. Nach bestandener Abschlussprüfung erhält der Therapiehundeführer ein Zertifikat bzw. einen Ausweis sowie ein Einsatzheft und manchmal auch einen Ausbildungspass des Ausbildungsträgers.

Die meisten Vereine verlangen spätestens ab diesem Zeitpunkt eine Mitgliedschaft, die unter anderem sicherstellen soll, dass ein aktives Therapiehunde-Team im Sinne der Vereinsstatuten tätig und auch kontrollierbar ist.

Es gibt Ausbildungsträger, die entweder eine schriftliche Verpflichtungserklärung ihrer neuen Mitglieder zur Haltung, dem Umgang und den Einsatzbedingungen der Therapiehunde verlangen oder aber die Unterzeichnung eines sogenannten »Ehrenkodex«, wie beispielsweise »THL«. Dieser hat 13 Punkte und lautet in Auszügen:

Ehrenkodex des THL (Auszug)

- ***Punkt 4*** **»Bei der Ausübung von tiergestützter Therapie jeglicher Art haben immer das Wohlbefinden der Klienten und das Wohlbefinden des Therapietieres an erster Stelle zu stehen. Sie müssen jederzeit in ihrer Würde und Integrität respektiert werden.«**
- ***Punkt 6*** **»Jedes Mitglied sollte die Grenzen der Fähigkeiten und der Belastbarkeit von Klienten, Therapietier und sich selbst realistisch einschätzen und, wenn nötig, eine Therapieeinheit vorzeitig abbrechen.«**
- ***Punkt 7*** **»Insbesondere ist bei der Arbeit mit Therapietieren und auch in der Ausbildung derselben mit Methoden der positiven Verstärkung zu arbeiten. Jegliches Vorgehen, das einem Therapietier physischen und/ oder psychischen Schaden zufügt, oder eine unangemessene Belastung darstellt, ist zu unterlassen.«**
- ***Punkt 8*** **»Der positive Umgang mit dem Therapietier ist auch im Alltag und bei anderen Aktivitäten ausdrücklich erwünscht.«**
(vgl. »THL«-Vereinsrichtlinien/Ethischer Kodex)

Um größtmögliche Vorsicht walten zu lassen und dafür Sorge zu tragen, dass schon im Vorfeld des aktiven Einsatzes eines Therapiehundes eventuelle Sicherheitsrisiken ausgeschlossen werden, lässt sich »TAT« von den Hundehaltern darüber hinaus schriftlich bestätigen, »dass sie mit ihrem Hund noch nie eine Anzeige wegen Aggression gegen Mensch oder Tier erhalten haben, und dass der Hund noch nie zu einer ähnlichen Prüfung angetreten ist, wo er wegen Zeichen von Aggression gescheitert ist, bzw. dass er noch nie aus irgendeinem Grund von einer ähnlichen Prüfung oder Tätigkeit ausgeschlossen wurde. Sie erklärt, dass der Hund keiner – besonders keiner abgebrochenen – Schutzhundeausbildung unterzogen wurde. Bei Hunden unbekannter Herkunft (Tierheim) ist dies rechtzeitig abzuklären.« (TAT/Spezielle Prüfungsbestimmungen).

Alle professionellen und anerkannten Ausbildungsträger sind sehr darum bemüht, in jeder Weise das Risiko von Unfällen oder Angriffen durch die Hunde auszuschließen, bzw. so gering wie möglich zu halten. Diese verantwortungsvolle Haltung wird durch eine Reihe von Maßnahmen und Regelungen unterstützt, die im Interesse aller Beteiligten einzuhalten sind.

Dazu gehören:

- **die Aushändigung eines Ausweises oder Zertifikates, welcher/s zum Einsatz des geprüften Therapiehunde-Teams berechtigt. Manche Anbieter geben den zukünftigen Einsatzbereich vor, andere geben eine individuelle Empfehlung dafür ab.**
- **Der Besitz des Ausweises wird von bestimmten Vorgaben abhängig gemacht, beispielsweise einer regelmäßigen Fortbildungsverpflichtung (Ausbildungspass) und einer Mindestanzahl von praktischen Einsätzen (Einsatzheft). Auch die verpflichtenden, speziellen tierärztlichen Kontrollen müssen nachgewiesen werden (Tierärztlicher Kontrollbogen).**
- **Die Gültigkeitsdauer des Ausweises beträgt ein bis zwei Jahre – während dieser Zeitspanne muss eine Nachkontrolle für die THT's erfolgen, in der wichtige praktische Inhalte der Therapiehunde-Prüfung erneut getestet werden.**
- **Ein Versicherungsnachweis sollte immer vorhanden sein, wobei darauf zu achten ist, dass die Deckungssumme auch hoch genug ist (mindestens 700.000,-- Euro).**

Alle diese Dokumente sollten bei THT-Einsätzen immer mitgeführt werden, um sich jederzeit entsprechend ausweisen zu können. Dies ist auch wichtig, um durch den zusätzlichen Versicherungsschutz der Vereine abgesichert zu sein.

Die Therapiehunde-Teams erhalten einige deutliche Erkennungszeichen. Für die Hunde entweder Medaillen (Kennmarken mit spez. Reg.-Nr.), gekennzeichnete Halsplaketten oder aufgenähte bzw. aufgeklebte Logos am Halsband oder Einsatzgeschirr, welches nur während aktiver Einsätze getragen werden darf. Die Therapiehundeführer tragen entweder eine Anstecknadel, ein Halstuch oder ein T-Shirt, eine Weste oder Jacke mit dem entsprechenden Vereins-Logo. Dies soll jedem die Erkennung eines geprüften und einsatzbereiten Therapiehunde-Teams auf den ersten Blick ermöglichen.

Die Qualifikation der Ausbilder, Team-Trainer, Prüfer und Richter wird von den langjährig tätigen, erfahrenen Vereinsvorständen und deren Vorsitzenden als die wesentliche Grundlage einer guten Ausbildung angesehen und dient der Sicherung von hohen Qualitätsstandards.

Nur diejenigen, welche über eine eigene, jahrelange Praxiserfahrung verfügen, können sich durch ständige, weitere Fortbildungen im Ausbildungs- oder Prüfungsbereich für den Einsatz als Team-Trainer, Ausbildungsleiter, Test-Prüfer oder Richter qualifizieren. Die meisten Vereine haben eine eigene Schulungsleitung, die für die Weiterbildung intern zuständig ist. Die Anwärter für die jeweilige Tätigkeit müssen zusätzliche praktische Seminartage leisten und auch eine schriftliche Prüfung ablegen.

Die ersten Ausbilder und Richter im deutschsprachigen Raum wurden von der Delta Society in Renton/USA trainiert – eine von ihnen war damals Ursula Sissener, die erste und langjährige Präsidentin des »VTHS«. Die meisten derjenigen Aktiven, die sich in der Folgezeit in Deutschland engagierten, bezogen sich auf deren Normen und die Ausbildungsgrundlage und sind auch heute noch als VTHS-Prüfer und -Richter im Ausbildungsbereich tätig. In Österreich orientierte man sich in den Anfängen an

Die geprüften Therapiehunde erhalten ein spezielles Arbeitsgeschirr mit dem Emblem des jeweiligen Trägers (in diesem Fall THL = Tiere helfen leben e.V./A), welches nur im Einsatz benutzt werden darf.

den Erfahrungen von Dr. Gerda Wittmann, die von einem Aufenthalt in Australien ihre Erfahrungen und Kenntnisse mitgebracht hatte. Sie gründete damals den Verein »TAT« in Wien.

Auch heute noch haben die Erkenntnisse und Veröffentlichungen der Stiftung »Delta Society« Einfluss auf das Geschehen – aber zunehmend entwickelt sich auch im europäischen Raum eine Bewegung, die sich ernsthaft für die notwendige Sicherung der Qualitätsstandards einsetzt (siehe Kapitel Historische Entwicklung der Verwendung eines Therapiehundes).

In Deutschland orientierte man sich ebenfalls an den Normen der Delta Society bzw. den Ausbildungsrichtlinien des VTHS, der die ersten aktiven deutschen Trainer und Richter schulte – wie beispielsweise Elke Schmid von der IGTH, hier während einer Abschlussprüfung eines THTs (vorne).

10 Das »Therapiehunde-Team« nach der Ausbildung

Diejenigen Therapiehundeführer, welche eine Ausbildung zusammen mit ihrem Hund erfolgreich abgeschlossen haben, sind sich ihrer hohen Verantwortung bewusst geworden. Die intensive Schulung und der Einblick in die Einsatzbereiche haben dazu geführt, sich umsichtig und vorausschauend mit dem Therapiehund in seinem zukünftigen Tätigkeitsbereich zu bewegen.

Während zu Beginn der Ausbildungszeit das Frauchen mit dem Hund erschien, präsentiert sich nach der Abschlussprüfung ein harmonisches Team – die Bindung hat sich enorm verstärkt. Die Wertschätzung gegenüber dem eigenen Hund hat sich meistens wesentlich erhöht – und ein gewisser Stolz auf einen so tollen Partner ist berechtigt.

Während der Ausbildung entwickeln sich Hund und Halter zu einem harmonischen Team – die Wertschätzung des eigenen Hundes erhöht sich enorm.

Das eigene Selbstbewusstsein ist gestiegen und eine besondere Zufriedenheit nach den ersten gelungenen Praxiseinsätzen ist die Folge.

Als Unterstützung bieten die Vereine häufig eine Mithilfe bei der Suche nach einem geeigneten Tätigkeitsbereich an. Oftmals besteht schon eine Liste von Institutionen, die um die Vermittlung eines »Therapiehunde-Teams« bitten. Auch in Fragen der Kontaktaufnahme, der Präsentation und der Verhandlungsabwicklung über die Einsatzbedingungen geben die meisten Vereine eine seriöse Hilfestellung. Außerdem sind sie Anlaufstelle für eine individuelle Beratung in Konfliktfällen und bieten einen fachlichen Austausch mit erfahrenen Team-Betreuern an.

Darüber hinaus wird die Möglichkeit zur Teilnahme an regelmäßigen Fortbildungen und interessanten Vorträgen gegeben – der Wunsch nach weiterführenden Kenntnissen ist häufig stark. Manche Vereine bieten auch weitere Qualifikationsmöglichkeiten an, die zu besonderen Team-Einsätzen befähigen.

Viele der Prüfungsabsolventen setzen ihre neu erworbenen Fähigkeiten zusammen mit ihrem Therapiehund im eigenen Berufsbereich ein. Es wäre wünschenswert, wenn darüber hinaus auch ehrenamtliche Einsätze in anderen Einrichtungen und Institutionen möglich wären. Die Nachfrage in der Praxis ist groß – auch wenn die Einsatzerfolge nicht immer wissenschaftlich untermauert sind ... Wer heilt, hat recht!

11 Die Entwicklung der wissenschaftlichen Erforschung der Mensch-Tier-Beziehung und deren dokumentierte Erkenntnisse für die tiergestützte Arbeit mit Hunden

Die allgemeine Wirkung von Hunden auf Menschen ist bekannt – das Wohlbefinden wird gesteigert und damit die Lebensfreude.

Hunde begegnen jedem Menschen wertfrei – sie zeigen ihre Kooperationsbereitschaft und Anpassungsfähigkeit ohne Vorbehalte. Ihr natürliches Bedürfnis nach Zuwendung lässt unvoreingenommen und vertrauensvoll körperliche Nähe zu. Die Bindung zum Menschen macht sie zum idealen sozialen Partner auf vier Pfoten.

Hunde können auf verschiedenen Ebenen wertvolle Vermittler sein – als sozialer Katalysator und Medium, als Eisbrecher und Brückenbauer, als Co-Therapeut und Animateur sind sie unentbehrliche Begleiter mit unterstützender Funktion in vielen Bereichen des menschlichen Lebens geworden.

Durch einige Zufallsbeobachtungen, sich anschließende Studien und weiterführende wissenschaftliche Untersuchungen gilt es heute weltweit als unumstritten, dass die Anwesenheit von Hunden und der direkte Kontakt zu ihnen eine besondere Auswirkung und heilsamen Einfluss auf die menschliche physische und psychische Verfassung haben kann.

Das körperliche Bedürfnis eines Hundes nach Zuwendung lässt unvoreingenommen die körperliche Nähe des Menschen zu.

Die Erfolge der tiergestützten Therapie mit Hunden, die positiven Auswirkungen des Einsatzes von Hunden in der Pädagogik und die erhebliche Verbesserung der Lebensqualität durch tiergestützte Fördermaßnahmen mit Hunden sind mittlerweile wissenschaftlich belegt und anerkannt.

Allerdings muss deutlich darauf hingewiesen werden, dass Hunde an sich keine Wundermittel sind – nur wenn die betroffenen Menschen, ob alt oder jung, einen Bezug zu diesen Tieren haben oder entwickeln können, gibt es die Chance auf eine tatsächliche Reaktion. »Hunde als Therapie« – sozusagen das Mittel zum Zweck – ist eine falsche Vorstellung und wirkt irreführend auf den Laien.

Hunde sind selbst keine Therapeuten – sie werden unter fachlicher Anleitung in die Therapie eingebunden.

Die wissenschaftlichen Erkenntnisse empirischer Forschungsarbeiten, die Ergebnisse von zahlreichen wissenschaftlichen Studien, Dissertationen und Diplomarbeiten haben ergeben, dass mit dem begleitenden Einsatz von Hunden in den unterschiedlichsten Bereichen der professionellen tiergestützten Arbeit nachweislich wirkungsvolle Fortschritte erzielt werden konnten.

Es hat sich gezeigt, dass in allen eingesetzten Fachbereichen durch die unterstützende Tätigkeit der Therapiehunde-Teams folgende wesentliche Faktoren auf das Verhalten und die Reaktion der betreuten Menschen jeden Alters entscheidenden Einfluss hatten:

- **Die Menschen öffneten sich leichter und wurden zugänglicher für die unterschiedlichsten Maßnahmen und Therapieformen.**
- **Die Motivation intensivierte sich deutlich, auf die verschiedenen Angebote einzugehen und Hilfsmittel zu akzeptieren, sich zu beteiligen und aktiv zu agieren.**
- **Das Selbstvertrauen wurde gestärkt und ein positives Selbstwertgefühl konnte sich entwickeln.**
- **Eine Stressreduktion erfolgte bei Menschen jeden Alters in der Gruppe und der Einzelfallhilfe – Beruhigung und Entspannung waren die Folge.**
- **Die Aufhebung von sozialer Isolation und Einsamkeit wirkte antidepressiv – eine individuelle Beziehung, die natürlichen Körperkontakt zuließ, konnte erlebt werden.**
- **Die Bereitschaft zur körperlichen Bewegung stieg erheblich – die Grob- und Feinmotorik wurde dadurch aktiviert, und darüber hinaus wurden geistige und sprachliche Fähigkeiten gefordert und trainiert.**
- **Soziale Interaktionen verstärkten sich und die Bereitschaft zur Kommunikation nahm zu.**

Menschen jeden Alters öffnen sich durch den Kontakt mit einem Hund wesentlich leichter den unterschiedlichsten pädagogischen Maßnahmen und Therapieformen.

Es benötigte einen Zeitraum von etwa 10 Jahren, bis sich diese Erkenntnisse der Wirkungsweisen von tiergestützter Arbeit mit dem Hund im deutschsprachigen Raum verbreiten konnten. Mittlerweile interessieren sich vermehrt die Spezialisten der unterschiedlichen Fachbereiche und erkennen das enorme Potenzial, welches im sozialen, pädagogischen, psychologischen und therapeutischen Einsatz eines ausgebildeten und professionell geführten Therapiehundes liegen kann.

Zu verdanken sind diese Erkenntnisse einigen Zufällen – eher beiläufigen Begebenheiten, die einzelne amerikanische Psychiater, Psychotherapeuten und Psychologen aufmerksam werden ließen.

Die ersten bedeutsamen wissenschaftlichen Untersuchungen wurden in Amerika gemacht – sie gelten heute als die »Klassiker« unter den Forschungsprojekten. Dazu gehören die Studien des amerikanischen Kindertherapeuten Boris M. Levinson zur tiergestützten Psychotherapie. Er beobachtete in seiner Praxis, dass sein eigener Hund zu einigen Kindern einen spontanen, intensiven Kontakt aufbauen konnte, der ihm selbst so nicht möglich war. Er registrierte dieses Phänomen erstaunt und besprach sich mit seinen Kollegen – und siehe da, die meisten hatten schon ähnliche Erfahrungen mit ihren Hunden in den Praxen gemacht. Levinson verfolgte nun seine Beobachtungen genauer und fing an, Aufzeichnungen über die Therapieverläufe mit Kindern und Hunden zu machen. Es bestätigte sich zunehmend, dass Hunde als »soziale Katalysatoren« hilfreiche Unterstüt-

Auch die Bereitschaft zur körperlichen Bewegung steigt an – der Hund ist eine Motivation zur Aktivierung der Grob- und Feinmotorik.

Eine hilfreiche Unterstützung in den Therapiestunden mit Kindern können Hunde sein – sie wirken als »soziale Katalysatoren« und ermöglichen einen leichteren Zugang des Therapeuten.

zung in seinen Therapiestunden waren. Sie erleichterten ihm den Zugang zu den meist verschlossenen und in sich gekehrten kleinen Patienten enorm.

Er verfasste daraufhin zahlreiche Publikationen, die in Fachkreisen weltweit für Aufsehen sorgten, unter anderem zwei Bücher, die heute als Standardwerke gelten: 1969 erschien *»Pet-Oriented Child Therapy«* und 1972 *»Pets and Human Development«.*

Angeregt durch die Veröffentlichungen von Levinson beschäftigte sich 1977 das Psychologen-Ehepaar Samuel und Elisabeth Corson mit einer empirischen Pilotstudie »zur Überprüfung der Effekte durch tiergestützte Psychotherapien« an einer Klinik mit psychisch Kranken. Unterstützt von einigen Experten aus den klinischen Fachbereichen führten sie einen zwölfwöchigen Versuch mit ausgewählten Patienten durch, die auf konventionelle Behandlungsmethoden bisher nicht reagiert hatten.

Auch in diesem Falle standen einige Hunde und ihre Wirkung auf die Klinikpatienten im Mittelpunkt der Forschungstätigkeit. Die Corsons konnten belegen, dass sich die nonverbalen und verbalen Interaktionen der Patienten mit den Hunden im Laufe des Therapieprozesses auch auf die sie betreuenden

Menschen übertrugen. Die emotionalen Reaktionen und kognitiven Prozesse sowie taktile Fähigkeiten konnten im Umgang mit den Hunden gefördert und verbessert werden, sodass eine verstärkte soziale Integration die Folge war.

In vielen Vorträgen und Publikationen verbreiteten die Corsons ihre Forschungsergebnisse und ermutigten auch Kollegen aus anderen Fachbereichen, sich mit den Erfolgen tiergestützter Therapie auseinanderzusetzen.*

Eine der ersten Studien im Bereich der Gerontologie wurde zwar nicht mit Hunden durchgeführt, sondern mit Wellensittichen – sie war aber ein Auslöser für die gesamten folgenden wissenschaftlichen Experimente in tiergestützten Forschungsgebieten. Die beiden Engländer R.A. Mugford und J.G.M. McComsky führten 1975 in einem Pflegeheim mit den 75- bis 81-jährigen Bewohnern, die sie in drei Vergleichsgruppen einteilten, einen Versuch durch. Die erste Gruppe erhielt einen Wellensittich auf das Zimmer, die zweite Gruppe erhielt eine Begonie, während die dritte Gruppe keines von beiden bekam.

Vor der fünfmonatigen Laufzeit der Studie mussten die Teilnehmer einen Fragebogen ausfüllen, der sich vor allem mit der Selbsteinschätzung im Sozialbereich beschäftigte. Nach Ablauf des Testzeitraumes war das Ergebnis eindeutig – die Gruppe mit den Wellensittichen hatte eine weitaus positivere Lebenseinstellung entwickelt als die anderen beiden Gruppierungen, in denen sich stimmungsmäßig kaum oder gar nichts änderte. Die Wellensittich-Gruppe hatte wesentlich mehr Lebensmut entwickelt, war kontaktfreudiger, fühlte sich zufriedener und gesünder. Die triste Langeweile war durchbrochen worden und das Leben hatte wieder eine Sinngebung.**

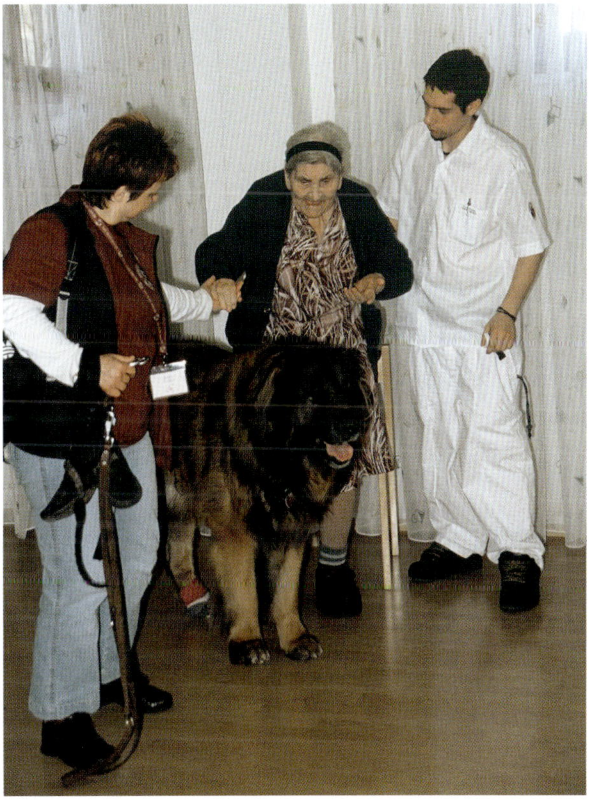

Die heilsame Wirkung der Anwesenheit von Hunden auf die gesamte Verfassung von älteren und kranken Menschen wurde schon vor 25 Jahren erforscht – die Genesungserfolge waren bei den Patienten mit Hundekontakt deutlich zu beobachten.

Eine weitere – häufig zitierte amerikanische Studie – war die Veröffentlichung von Untersuchungen der Soziologin Erika Friedmann und dem Mediziner Aaron H. Katcher im Jahre 1982. Ihre interessan-

* vgl. Corson, S./Corson, E.: »Pets as Mediators of Therapy«, in: *Current Psychiatric Therapies No 18/1978*

** vgl. Mugford, R.A., McComsky, J.G.M.: »Some recent work on the psychotherapeutic value of cage birds with old people« in Ed.R.S. Anderson: *Pet Animals and Society,* Springfield 1975

ten Berichte über die heilsame Wirkung von Tieren auf kranke und einsame Menschen erregten internationale Aufmerksamkeit. Besonders die Ergebnisse einer Untersuchung Erika Friedmanns zu den Überlebenschancen von Herzkranken nach dem Krankenhausaufenthalt sorgten für weltweites Interesse – diejenigen Patienten, welche mit einem Haustier zusammen lebten, hatten letztendlich signifikant höhere Genesungserfolge als diejenigen in einem tierlosen Zuhause.

Einige Zeit später publizierten Friedmann und Katcher die Ergebnisse mehrerer Experimente zur Überprüfung der Mensch-Tier-Beziehung auf den menschlichen Organismus. Es hatte sich bei mehreren Versuchen herausgestellt, dass alleine die Anwesenheit eines Tieres sich beruhigend und blutdrucksenkend auf die Versuchspersonen auswirkte. Vier verschiedene Situationen dienten als Messbasis für die Blutdruckdaten:

Die Personen mussten entweder still sitzen, laut vorlesen, mit dem Versuchsleiter sprechen oder ihren Hund streicheln.

Das Ergebnis war eindeutig – diejenigen, welche den Hund streichelten, hatten den niedrigsten Blutdruck.*

Von diesem Zeitpunkt an entwickelte sich langsam ein neuer Wissenschaftszweig – die Erforschung der »Mensch-Tier-Beziehung«. Die Anzahl der angelsächsischen Wissenschaftler aus unterschiedlichsten Fachbereichen, die sich mit den Einflüssen und Auswirkungen tiergestützter Einsätze auf den verschiedensten Forschungsebenen beschäftigten, stieg in den achtziger und vor allem den neunziger Jahren stark an.

Die Veröffentlichungen waren überwiegend in englischer Sprache. Einige der bedeutendsten Publikationen, die im deutschsprachigen Raum für Aufsehen sorgten, finden Sie im Anhang unter »Wegweisende Veröffentlichungen« auf Seite 153.

Als Folge der zahlreichen veröffentlichten Beiträge und die ständig wachsende Anzahl an Forschungsarbeiten fanden die ersten, überregionalen Symposien statt.

Es entwickelten sich in den angelsächsischen Ländern verschiedene nationale Vereinigungen von Wissenschaftlern aus den Bereichen Verhaltensforschung, Medizin, Psychologie, Psychotherapie und Gerontologie.

Es gründete sich auch die »Delta Society« in Renton/USA. Diese Organisation führt seit 1980 weltweit regelmäßige, interdisziplinäre wissenschaftliche Kongresse durch und ist wegweisend an der Entwicklung, Förderung und Umsetzung tiergestützter Projekte und der Aus- und Weiterbildungsgrundlagen von Therapiehunde-Teams beteiligt. Die ersten aktiven Vereine und Verbände im europäischen Raum orientierten sich an den Ausbildungskriterien dieser Organisation.

* vgl. Katcher, A. H./Beck, A.M. (Hrsg.): *New Perspectives on our lives with companion animals*, Philadelphia, 1983 und Friedmann, E., ebenda: »When Pet owners are hospitalized« und Lynch J., ebenda Looking, talking, pressure: The physiological consequences of interaction with the living enviroment«, sowie eine 1996 überarbeitete Neuauflage von Beck A. und Katcher A.: *Between pets and people: The importance of animal companionship,* Purdue University, Indiana, USA.

Anlässlich der internationalen Symposien für Forscher und Praktiker wurden darüber hinaus neue Forschungsresultate vorgestellt und in Publikationen festgehalten.

Es konstituierte sich im weiteren Verlauf im Jahre 1990 ein internationaler Dachverband – die »IAHAIO« (International Association of Human Animal Interaction Organisations), übersetzt heißt das »Internationaler Dachverband für die Erforschung der Mensch-Tier-Beziehung«. Dort sind die Repräsentanten von vier Unterkomitees tätig, die für die Koordination von Mitgliedschaften, Konferenzen, Projekten und Finanzen anderer Mitgliedsorganisationen weltweit sorgen. Dieser Dachverband hat seinen Sitz bei der Delta Society und wurde für alle nationalen Vereinigungen und andere Organisationen, die sich mit der Erforschung der Mensch-Tier-Beziehung beschäftigen, gegründet. Je stärker das Interesse an dieser jungen Wissenschaft weltweit wächst, desto größer wird die Bedeutung dieser Organisation als verbindendes Element für den Austausch wissenschaftlicher Erkenntnisse und die Weiterentwicklung der einzelnen wissenschaftlichen Programme.

In Europa entwickelten sich parallel in Österreich, Deutschland und der Schweiz sowohl an einzelnen Fakultäten der Universitäten die ersten Aktivitäten, aber auch die Gründung von fachspezifischen Instituten erfolgte etwa im gleichen Zeitraum.

Das fachwissenschaftliche Interesse an der methodischen Erforschung der Mensch-Tier-Beziehung wurde im deutschsprachigen Raum zunächst in Österreich vom »IEMT« abgedeckt. Die Gründung des »Instituts für interdisziplinäre Erforschung der Mensch-Tier-Beziehung« erfolgte schon 1977 unter der Schirmherrschaft des Verhaltensforschers Prof. Dr. Dr. Konrad Lorenz. Die Forschungstätigkeit des »IEMT« stützt sich auf einen wissenschaftlichen Beirat aus Vertretern unterschiedlicher Universitätsfachbereiche, dem »Konrad Lorenz Kuratorium«. Der Auftrag des »IEMT« besteht vor allem darin, die theoretischen Erkenntnisse über das Zusammenleben von Menschen und Tieren zu vertiefen und diese Erfahrungen bei der Umsetzung in die Praxis zu fördern und bekannt zu machen. In wissenschaftlichen Symposien werden durch das Institut die Ergebnisse von interessanten Forschungsarbeiten vorgestellt und in speziellen Broschüren publiziert.

In Deutschland wurde 1988 der »Forschungskreis Heimtiere in der Gesellschaft« von namhaften Wissenschaftlern, unter Vorsitz von Prof. Dr. phil. Reinhold Bergler, gegründet. Auch hier steht die Erforschung der sozialen Beziehungen zwischen Menschen und Heimtieren im Vordergrund – themenbezogene Forschungsarbeiten werden unterstützt. Im Rahmen regelmäßiger Vortragsveranstaltungen und Symposien werden die Forschungsergebnisse verbreitet und der interessierten Öffentlichkeit vorgestellt.

Es folgte 1990 in der Schweiz ebenfalls die Gründung eines »I.E.M.T.«, dessen wissenschaftlicher Beirat sich aus Persönlichkeiten der Human- und Veterinärmedizin und weiteren Wissenschaftsgebieten zusammensetzt. Der Schwerpunkt des Forschungsinteresses gilt den Themen »Tiere in Alters- und Pflegeheimen« sowie der tiergestützten Pädagogik in Schulen. Das Institut veröffentlicht zahlreiche Broschüren und bietet pädagogische Hilfsmittel in Form von Spielen und Filmen zu den jeweiligen tiergestützten Arbeitsbereichen an.

Im universitären Bereich beschäftigten sich im deutschsprachigen Raum bisher nur vereinzelte Fakultäten mit wissenschaftlichen Studienprojekten. Hervorzuheben sind die Forschungstätigkeiten an den Universitäten von Würzburg, Erlangen/Nürnberg, Bonn, Berlin, München, Köln, Leipzig, Wien und Zürich.

Im Zusammenhang mit Studienprojekten, deren Focus auf die Wirkungen von tiergestützter Pädagogik und Therapie mit Hunden gerichtet ist, werden die Forschungsergebnisse einzelner, engagierter Wissenschaftler häufig zitiert. Es handelt sich – in alphabetischer Reihenfolge – um:

- Dr. phil. Andrea Beetz
- Prof. Dr. phil. Reinhold Bergler
- Dr. med. vet. Armin Claus
- Dr. med. vet. Dorit Urd Feddersen-Petersen
- Dr. med. vet. Christian Große-Siestrup
- Prof. Dr. Erhard Olbrich
- Dr. phil. Carola Otterstedt
- Dr. med. Anke Prothmann

Ihre Publikationen und Veröffentlichungen sind die umfassende Grundlage für die praktischen Einsätze von Therapiehunden in den verschiedensten Bereichen der tiergestützten Pädagogik, der Therapie und den vielfältigen Fördermaßnahmen.

Der deutsche »Forschungskreis Heimtiere in der Gesellschaft« hat unter anderem zu folgenden Themen Publikationen herausgegeben:

- »Auswirkungen der Hundehaltung auf die Erziehung der Kinder«, Hamburg.
- »Heimtiere als Prävention«. Eine Untersuchung über die Bedeutung von Heimtieren als Co-Therapeuten, Hamburg.
- »Kinder brauchen Tiere«, Hamburg.
- »Von Menschen und Heimtieren«, Hamburg.
- »Der Hund als Kommunikationsverstärker«, Hamburg.
- »Ein Hund. Förderung der Gesundheit für Senioren«, Pilotstudie von Füsgen, I., Hamburg.

Das wachsende Interesse an der Mensch-Tier-Beziehung hat in den Fakultäten der deutschsprachigen Länder zur Folge, dass sich eine steigende Anzahl von Studenten und Lehrgangs-Absolventen in ihren Dissertationen, Magister- und Diplomarbeiten auch mit dem Thema tiergestützter Pädagogik, Therapie und Fördermaßnahmen beschäftigen. Einige von ihnen haben sich speziell mit dem Einsatz von Therapiehunden in den verschiedensten Bereichen auseinandergesetzt.

Im Anhang unter »Literaturangaben« ist ein aktueller Überblick zusammengestellt.

Der Umfang dieses Buches reicht leider nicht aus, um alle interessanten wissenschaftliche Projekte schildern zu können. Daher erfolgt eine exemplarische Darstellung der Forschungsarbeiten an der Universität Leipzig.

Beispiele von Forschungsprojekten an der Universität Leipzig

Die »Klinik und Poliklinik für Kinder- und Jugendpsychiatrie, Psychotherapie und Psychosomatik« an der Universität Leipzig führt seit 1999 unter der Projektleiterin Dr. Anke Prothmann Forschungsprojekte in »Tiergestützter Therapie« mit Unterstützung von Therapiehunden durch.

Dr. Anke Prothmann ist seit 1998 Ärztin an der Klinik und promovierte zum Thema: »Verhaltensmuster psychisch auffälliger Kinder und Jugendlicher in der tiergestützten Therapie – eine Interaktionsanalyse«.

Diese Pilotstudie war der Beginn einer Reihe nachfolgender Forschungsprojekte, die Frau Dr. Prothmann zusammen mit ihrem Team durchführte.

Die Therapiehunde

Seit 1996 werden an der Klinik gezielt die Aspekte der Kind-Tier-Beziehung untersucht – im Laufe der Forschungsarbeiten hat sich vor allem der Hund als hilfreiche diagnostische und therapeutische Stütze erwiesen.

Die Hunde gehörten von Anfang an ganz unterschiedlichen Rassen an – es handelte sich bei den Einsätzen in den Forschungsprojekten zunächst um vier ungarische Vorstehhunde, einen Jagdhundmischling, später auch zwei Airedale Terrier und Schäferhunde. Die Hunde sollten weder zu groß noch zu klein sein, ungefährlich aussehen und Freude am Spiel mit Kindern und Jugendlichen haben. Alle diese Hunde lebten in Kleinrudeln innerhalb von Familien und sind ausgebildete Therapiehunde.

Die Hunde von einigen Forschungsstudentinnen, die an verschiedenen Projekten mitarbeiteten, nahmen an den Therapiestunden teil – überwiegend Retriever-Rassen und deren Mixe. Als ausgebildeter Therapiehund wird der vierjährige Schäferhundmischling »Paul« seit zwei Jahren eingesetzt – er ist sehr erfahren im Umgang mit Kindern und hat ein halbjähriges Praktikum an der Blindenschule Zollikofen in der Schweiz mitgemacht.

Die Forschungsprojekte

Im Folgenden werden die einzelnen Projekte kurz vorgestellt – sie alle fanden mit Unterstützung der Therapiehunde statt.

Zum Teil in Zusammenarbeit mit anderen Fakultäten der Universität Leipzig wurden bisher sechs Forschungsprojekte und Untersuchungen durchgeführt und publiziert. Die Themen waren:

- »Interaktionsmuster und nonverbale Kommunikation psychisch auffälliger Kinder mit einem Therapiehund«
  Prothmann A., Albrecht K., Dietrich S., Hornfeck U., Stieber S., Ettrich C.
  Medizinische Fakultät und Fakultät für Biowissenschaften, Pharmazie und Psychologie
- »Einflüsse tiergestützter Therapie auf die Befindlichkeit von Kindern und Jugendlichen in der Einzelpsychotherapie«
  Schulze R., Popp K., Ettrich C., Prothmann A.
  Erziehungswissenschaftliche Fakultät und Medizinische Fakultät
- »Einfluss tiergestützter Therapie auf die Befindlichkeit von Kindern und Jugendlichen in stationärer Psychotherapie«
  Prothmann A., Bienert M., Ettrich C.
  Medizinische Fakultät und Fakultät für Biowissenschaften, Pharmazie und Psychologie
- »Fördern Tiere soziale Interaktionen bei autistischen Kindern?«
  Brattig A., Ettrich, C., Prothmann A.
  Medizinische Fakultät
- »Das Verhalten von Therapiebegleithunden in der tiergestützten Therapie«
  Doppelstein K., Kinzelbach R., Ettrich C., Prothmann A.
  Institut für Biowissenschaften, Universität Rostock und Klinik und Poliklinik für Kinder- und Jugendpsychiatrie, Universität Leipzig
- »Tiere in der stationären Kinderpsychiatrie – eine Bestands- und Bedarfsanalyse in Deutschland«
  Henning K., Reschke, K., Ettrich,C., Prothmann A.
  Fakultät für Biowissenschaften, Pharmazie und Psychologie und Medizinische Fakultät

»Einfluss tiergestützter Therapie auf die Befindlichkeit von Kindern und Jugendlichen in stationärer Psychotherapie«

Dieses Forschungsprojekt wird im Folgenden kurz erläutert. Ziel der Studie war es, herauszufinden, inwieweit Tiere (in diesem Falle Hunde) den Therapieprozess günstig beeinflussen können – auf diese Frage konnte bisher nur in Einzelfallstudien eingegangen werden. Mittels eines Prä-Post-Messdesigns sollte nun in dieser Studie geprüft werden:

- **ob und wie sich der Kontakt zu einem Hund generell auf die Befindlichkeit der Kinder und Jugendlichen auswirkt**
- **ob und wie sich dieser Einfluss über fünf Therapiesitzungen hinweg ändert**
- **bei welchen Diagnosen Tiere besonders bzw. nicht hilfreich sind**

Es wurden 100 Kinder und Jugendliche im Alter zwischen 11 und 19 Jahren in zwei Gruppen eingeteilt – die eine Gruppe mit und die andere ohne Settings durch tiergestützte Therapie. Beide Gruppen unterschieden sich nicht signifikant in Bezug auf Geschlecht, Alter und Zusammensetzung der Diagnosen. Die Therapieeinheiten wurden unter standardisierten Bedingungen durchgeführt.

In einem aufwendigen Messverfahren wurden die Ergebnisse der drei Fragestellungen analysiert. Nach einem fünfwöchigen Studienverlauf konnten folgende **Schlussfolgerungen** gezogen werden:

- **Tiergestützte Psychotherapie führt bei Kindern und Jugendlichen in stationärer Behandlung zu einer hochsignifikanten Steigerung der Befindlichkeit.**
- **Die Effekte waren in einer Vergleichsgruppe ohne Tierkontakt nicht nachweisbar.**
- **Die Effekte treten weitgehend unabhängig von der zugrunde liegenden Diagnose auf.**
- **Je schlechter die Befindlichkeit vor der jeweiligen Therapiesitzung war, umso stärker stieg das Befinden im Lauf der Therapie. Besonders Patienten mit schweren psychischen Störungen (Psychosen) profitieren von dieser Therapie.**

Tiere beeinflussen aus Sicht psychisch kranker Kinder das Therapiegeschehen derart, dass Vertrauen, Sicherheit, Mitteilungs- und Geselligkeitsbedürfnis sowie Motivation und Kooperation positiv beeinflusst werden – sie erzeugen im Sinne von Carl Rogers eine von Wärme, Empathie und Akzeptanz geprägte Therapieatmosphäre.

Generell lässt sich festhalten, dass sich in allen durchgeführten Forschungsprojekten der Kontakt zu den Therapiehunden als insgesamt positiv auf das Befinden der Kinder und Jugendlichen in den unterschiedlichen Versuchsgruppen auswirkte (vgl. Poster, Uni Leipzig unter www.tiere-als-therapie.de/poster.htm)!

Es wäre wünschenswert, dass sich im deutschsprachigen Raum die Forschungstätigkeiten weiter intensivieren würden – noch sind es eher vereinzelte wissenschaftliche Projekte, die sich mit der Wirkung von Therapiehunden im Einsatz von pädagogischen und therapeutischen Hilfsmaßnahmen auseinandersetzen.

Ganz anders sieht es im praktischen Alltag aus – es ist momentan nicht überschaubar, in wie vielen verschiedenen Einrichtungen Therapiehunde unterstützend in den pädagogischen und therapeutischen Bereichen eingesetzt werden. Eines ist allerdings sicher – die Anzahl steigt beständig an.

Diese Tendenz bestätigt auch ein Forschungsprojekt »Statuserfassung tiergestützter Aktivitäten in pädagogischen und therapeutischen Kontexten in Deutschland« der Forschungsgruppe »TiPi« an der Heilpädagogischen Fakultät der Universität zu Köln, die im Jahre 2004 durchgeführt wurde.

Anhand der erhobenen Daten konnte unter anderem eine unerwartet hohe Anzahl an Institutionen, in denen tiergestützt gearbeitet wird, festgestellt werden. Darüber hinaus war die Nachfrage nach wissenschaftlicher Begleitung und qualifizierten Ausbildungsmöglichkeiten erheblich (vgl. www.tipi-koeln.de).

In vielen Einrichtungen und Institutionen werden längst Tiere in pädagogischer oder therapeutischer Funktion begleitend und unterstützend eingesetzt. Es entsteht der Eindruck, dass – neben dem Pferd oder der Katze – ein Hund als Co-Therapeut am weitesten verbreitet ist. Seine Anpassungsfähigkeit und Kooperationsbereitschaft, seine Unvoreingenommenheit und bedingungslose Anerkennung menschlicher Defizite machen ihn zum idealen Helfer auf vier Pfoten!

Das folgende Kapitel zeigt die vielfältigen Einsatzmöglichkeiten eines begleitenden Therapiehundes auf.

12 Aktuelle Praxisbeispiele aus den Bereichen tiergestützter Pädagogik, Therapie und Fördermaßnahmen mit Hunden

Einige aktuelle Beispiele aus unterschiedlichen Einsatzbereichen sollen einen Überblick geben über die Vielfalt der tiergestützten Arbeit mit Hunden. Die vorgestellten Therapiehunde-Teams leisten ihren Einsatz entweder ehrenamtlich, im eigenen Berufsfeld oder als selbstständig Tätige. Sowohl in Projekten mit pädagogischem Auftrag und therapeutischem Hintergrund als auch in verschiedenen Fördermaßnahmen werden Therapiehunde in allen Altersgruppen begleitend und unterstützend eingesetzt.

I. »Verein Kindergarten und Hort Sonnenschein« in Wien (A)

Der Freitag ist für 45 Kinder des Kinderhortes »Sonnenschein« im 10. Bezirk von Wien, unter der Leitung von Petra Marschall, immer ein ganz besonderer Tag »Lucy«, »Joy« und »Kaisy« werden freudig erwartet. Es sind die Therapiehunde von Maike Tell, die an diesem Tag in der Woche ihren Einsatz am Arbeitsplatz der Kindergärtnerin und Legasthenietrainerin haben.

Maike Tell ist seit fünf Jahren bei »TAT« in Wien mit ihren Hunden engagiert und anerkannte Praxisprüferin. Ihre Therapiehunde sind im Umgang mit Kindern besonders sensibilisiert, da sie zum Teil schon als Welpen im Hort geprägt worden sind. Wie auch gerade »Jeanny«, die mit 15 Wochen der besondere Liebling der Kinder ist. Sie ist ein Vertreter der kleinsten Retriever Rasse – ein »Nova-Scotia-Duck-Tolling-Retriever« und kommt einmal in der Woche auf einen kurzen Besuch in die Einrichtung.

Die Kinder haben durch Maike Tell gelernt, mit jungen Hunden verantwortungsvoll umzugehen – dadurch ist der Kinderhort für

Die kleine Jeanny, ein Nova-Scotia-Duck-Tolling-Retriever, ist der besondere Liebling der Kinder.

einige Züchter und Ausbilder in der TAT- Szene ein willkommener Ort, der die Gelegenheit für einen kurzen, kontrollierten Kontakt ihrer Welpen mit Kindergruppen in diesem Alter ermöglicht.

Da Maike Tell die Möglichkeit hat, drei ihrer geprüften TAT-Hunde wechselweise oder auch gemeinsam in den verschiedenen Gruppen des Hortes einzusetzen, ist einerseits die Belastung für den einzelnen Hund nicht zu groß, andererseits können verschiedene Anforderungen im pädagogischen Einsatz individuell umgesetzt werden. Ihre Hunde nimmt Maike Tell nicht nur stundenweise in den Kinderhort mit – sie legt höchsten Wert auf ein regelmäßiges Ausgleichsprogramm durch Agility- und Obedience-Übungen. Mit entsprechenden Erfolgen: Die achtjährige »Kaisy«, ein »Österreichischer Kurzhaarpinscher«, hat bei den Agility-Prüfungen Leistungsklasse III erreicht und auch schon an Weltmeisterschaftsausscheidungen in Agility teilgenommen. In Obedience-Prüfungen errang sie ebenfalls Stufe III – die höchste Auszeichnung.

Die vierjährige »Australian Shepherd«-Hündin »Joy« hat ebenfalls in den Agility-Prüfungen die LK III errungen und im Obedience die Stufe II.

Die zweijährige »Lucy«, ein »Chinese Crested Powder Puff«, ein kleines und seltenes Exemplar des sogenannten »Chinesischen Nackthundes« – der zwar so heißt, aber dennoch am ganzen Körper von langem weichen Haar

Die muntere Lucy, ein Chinese Crested Powder Puff, ist als ausgebildeter Therapiehund ein eher seltenes Exemplar.

bedeckt ist – gilt als absolut beliebt bei den Kindern. Sie hat die Begleithundeprüfung I abgeschlossen und ist ebenfalls im Agility-Sport aktiv (LK II).

Durch diesen vielseitigen Ausbildungshintergrund der TAT-Hunde und ihre zusätzliche Qualifikation als aktive Therapiehundeführerin hat sich Maike Tell eine bestens fundierte Basis erarbeitet, um im pädagogisch-therapeutischen Bereich gelassene, ausgeglichene und zuverlässige Therapiehunde einsetzen zu können.

Unterstützt von der Leiterin Petra Marschall und dem gesamten Hort-Team vermittelt die Kindergärtnerin abwechslungsreiche, tiergestützte pädagogische Inhalte für die Kinder.

In einem Stadtteil, der überwiegend einen multikulturellen Bewohneranteil hat, ist das soziale Umfeld dieser Großstadtkinder mit häufig fremdländischer Herkunft kein kinderfreundliches Paradies – der Kontakt zu Tieren außerhalb des Hortes ist gering. Darüber hinaus existieren unter einigen Bevölkerungsgruppen auch ängstliche und besorgte Vorbehalte gegenüber Tieren, insbesondere gegen Hunde. Daher werden alle Eltern über den Therapiehunde-Einsatz ausführlich informiert und mit einbezogen. Es wird schriftlich darüber aufgeklärt, warum und weshalb dieser Kontakt zu diesen gefürchteten Tieren für ihre Kinder so bedeutend ist.

Der richtige Umgang und die gefahrlose Begegnung mit Hunden ist ein wichtiges Detail im Bereich dieser pädagogischen Fördermaßnahmen. Deshalb werden die Kinder schon frühzeitig an ein angemessenes Benehmen in der Begegnung mit Hunden und an eine hundegerechte Umgangsweise herangeführt. Sie lernen schnell, die »Hundesprache« zu interpretieren und entsprechend darauf zu reagieren.

Sowohl theoretisch als auch praktisch werden die Kinder spielerisch mit dem Verhalten der Hunde und deren Bedürfnissen vertraut gemacht. In einzelnen Projekttagen greift Maike Tell bestimmte Themen auf, die zum einen die Kinder an die körperlichen und organischen Merkmale der Hunde heranführen, zum anderen aber auch die daraus resultierenden Rassemerkmale und typischen Verhaltensweisen nahe bringen.

Dadurch gewinnen die Kinder schnell ein gewisses Vertrauen zu »ihren« Hunden, deren artgerechte Versorgung und Pflege, wie Wässern oder Bürsten, ihnen teilweise obliegt – das Verantwortungsbewusstsein wird gesteigert.

Die Hunde begleiten ihren Tagesablauf am Freitag wie selbstverständlich: Am frühen Vormittag, gegen 11.00 Uhr, werden die größeren Hortkinder der ersten Klasse aus der Schule abgeholt – ein freudiges Ereignis, denn vor dem Schultor warten ihre vierbeinigen Freunde in Begleitung von Maike Tell. Gemeinsam wird der Heimweg in den Hort gerne angetreten – immer in Beschäftigung mit den Hunden, denn abwechselnd dürfen die Kinder die Leinenführung übernehmen. Während der Mittagszeit haben die Hunde ihre geschützte Ruhepause. Zwischen 13.00 und 15.00 Uhr findet ein gemeinsamer Spaziergang in kleineren Gruppen statt – die Kinder lernen praxisnah das freie und angeleinte Laufen mit dem Hund, und es wird das gemeinsame Verhalten während einer Begegnung mit fremden Hunden geübt. Auch das Spielen im Freien sowie der richtige Einsatz und der gefahrlose Umgang mit dem Spielzeug werden trainiert. Darüber hinaus führt Maike Tell die Kinder an gewisse Benimmregeln heran, beispielsweise das Aufsammeln und Entsorgen von Hundekot.

Danach folgt die Lernstunde für die Kinder, und die Hunde haben eine ungestörte Ruhepause in abgetrennten Räumlichkeiten.

Ab 16.00 ist die »Spielstunde« angesagt – mit großer Begeisterung spielen die Kinder – selbstverständlich kontrolliert und unter Anleitung – mit den Hunden und umgekehrt. Zahllose Kunststückchen, welche die Kinder selbstbewusst und korrekt abrufen können, und viele gemeinsame Spieleinheiten sorgen für ausgelassene Stimmung unter allen Beteiligten – da zeigen sich die besonderen Vorzüge stressresistenter Hunde.

Die Australian Shepherd Hündin Joy motiviert die Kinder unter Anleitung von Maike Tell zu unterschiedlichen Bewegungsübungen, was zur Stärkung der kindlichen Grob- und Feinmotorik beiträgt.

Die Kuscheleinheiten mit den Hunden genießen die Kinder sichtlich – eine entspannte Atmosphäre verbreitet sich untereinander.

Die ausgesuchten Kombinationsspiele mit den Hunden fördern einerseits eine vielfältige Wahrnehmungsfähigkeit sowie die Grob- und Feinmotorik der Kinder. Auch der kognitive und emotionale Bereich werden angesprochen und gefördert – die bewegungsfreudigen Hunde dienen während des Spielgeschehens vielfach als Anreiz mit Aufforderungscharakter und als Motivationsverstärker. Die persönliche Beziehung zu den jeweiligen Hunden wächst und das Selbstvertrauen wird durch die persönliche Kompetenzerfahrung »Der Hund hört auf mich(!)« allgemein gestärkt.

Mit Rücksicht auf die Bedürfnisse der Hunde werden variable Spielphasen mit unterschiedlichem Charakter gestaltet. Dadurch wächst die Selbstkontrolle der Kinder, indem sie unter anderem lernen, sich zurücknehmen zu können – im Interesse des (tierischen) Spielpartners.

Gegen 16.45 Uhr steuert Maike Tell die Stimmungslage langsam in eine andere Richtung – die Kuscheleinheiten sind angesagt. Ruhige Kontaktspiele, Streicheln und Liebkosen und auch das Kontaktliegen mit den Hunden stehen nun für die Kinder im Vordergrund des Geschehens. Jedes Kind erfährt dabei eine unverfälschte und vorurteilslose emotionale Zuwendung – unabhängig von der individuellen Persönlichkeit und der sozialen Herkunft. Auf diese Weise wird das Selbstwertgefühl verstärkt und eine positive, innere Grundstimmung erreicht.

Zum Abschluss erscheint dann noch die kleine »Jeanny« – jetzt sind die Kinder entspannt und ausgeglichen, umsichtig und aufmerksam behandeln sie den neugierigen, quirligen Welpen.

Nachdem alle Hunde nochmals mit Wasser versorgt wurden, und jeder sich auf seine persönliche Art von den Hunden verabschieden durfte, werden zufriedene und glückliche Kinder gegen 17.30 Uhr vom Hort nach Hause abgeholt – schon in Vorfreude auf den nächsten Freitag. Infos und Kontakt: Maike Tell, e-mail-Adresse: m.tell@gmx.at

II. Tagesbetreuung für Kinder und Jugendliche »Jule« in Eppingen (D)

Der Heimweg von der Schule erfolgt im Eiltempo – denn erwartet werden die bis zu 40 Kinder von »Tayler« und »Floyd« im Haus der »Jule«, einer sozialpädagogischen Tagesbetreuung der »Jugendhilfe im Lebensfeld«. Dort begrüßen die beiden »Australian Shepherds« (vier und anderthalb Jahre alt) die Kinder zum Mittagessen in der von Karl Mayer und anderen pädagogischen Mitarbeitern betreuten Einrichtung zur ambulanten erzieherischen Hilfe.

Der Heimerzieher hatte in seiner langjährigen sozialen Tätigkeit schon immer großen Wert auf den Umgang mit Tieren gelegt. Zusammen mit seiner Frau und Kollegin Anita Mayer entwickelte er vor vier Jahren die Idee, in seinem pädagogischen Arbeitsbereich auch (Therapie-)Hunde einzusetzen. Die beiden Hundefreunde entschieden sich für zwei »Australian Shepherds«, mit denen sie eine gezielte Ausbildung anstrebten. Während Karl Mayer zwischenzeitlich mit dem älteren »Tayler« seine Ausbildung zum »Therapiebegleithunde-Team« beim »Münsteraner Institut für therapeutische Fortbildung und tiergestützte Therapie« (M.I.T.T.T.) erfolgreich absolviert hat und Mitglied des »Berufsverbandes Therapiebegleithunde Deutschland e.V.« (TBD e.V.) ist, befindet sich Anita mit dem jüngeren »Floyd« noch in den Ausbildungsanfängen.

Beide entwickelten ein durchdachtes und professionelles Konzept zur tiergestützten Pädagogik durch ihre Hunde, welches von den anderen Mitarbeitern sowie dem Träger der Einrichtung, der »Diakonischen Jugendhilfe Region Heilbronn«, wohlwollend mitgetragen wird.

Während der jüngere »Floyd« sich nur gelegentlich und in kurzen Zeitphasen in den Kindergruppen aufhält, hat der ältere und ausgebildete »Tayler« seinen festen »Stundenplan«, denn es wird sehr darauf geachtet, dass die beiden

Hunde nicht überfordert werden. In eingeteilten Zeiträumen verbringen die Kinder zwischen sechs und fünfzehn Jahren – in kleinen, ausgewählten Gruppen (max. 6-8) – vorgegebene Spiel- oder Erlebnissequenzen, verbunden mit Entspannungs- und Ruhephasen.

Karl Mayer legt in seiner sozialpädagogischen Arbeit mit diesen überwiegend verhaltensauffälligen, teilweise auch lernbehinderten Kindern, die über einen Antrag der Eltern und die Vermittlung des Jugendamtes einen Gruppenplatz erhalten, ein deutliches Gewicht auf eine individuelle Betreuung und Persönlichkeitsentwicklung der ihm anvertrauten Kinder.

Von montags bis freitags – zwischen 12.00 und 17.00 Uhr – besuchen seine Schützlinge die Einrichtung. Mit einigen speziell ausgewählten Kindern hat er eine Gruppe zusammengestellt – die »dogging-kids«. Mit ihnen arbeitet er an verschiedenen Förder- und Lernzielen, bei deren Vermittlung der Therapiehund »Tayler« als unterstützendes Medium dient.

Der Australian Shepherd Tayler und Heimerzieher Karl Mayer (rechts) arbeiten als ausgebildetes Therapiebegleithunde-Team mit Kindern und Jugendlichen – den sogenannten »dogging-kids«.

Gemeinsames Handeln lernt sich spielerisch, wenn Tayler aufmerksam auf die verschiedenen Signale der Kinder reagiert.

Um die Kinder aus ihrer oftmals sozialen Isolation, verbunden mit Minderwertigkeitsgefühlen und täglichen Frustrationserlebnissen, herauszuhelfen und positiv zu fördern, hat für Karl Mayer »team-work« in seinem pädagogischen Einsatz einen hohen Stellenwert. Daher werden mit und durch »Tayler« verstärkt Übungen und Spiele durchgeführt, die ein gemeinsames, zielgerichtetes Handeln erfordern, aber auch das einzelne Kind in seinen Fähigkeiten bestärken. Über die Vermittlung und Umsetzung von Tricks und Kommandos hinaus, die eine Stärkung des Selbstwertgefühls bewirken, animiert »Tayler« seine jungen Freunde auch zu Bewegungsspielen, die Mut und Selbstüberwindung erfordern. Ängste werden abgebaut und Sicherheit im Umgang mit dem Hund trainiert.

Die ungewöhnlichen Übungen mit »Tayler« verlangen einerseits eine gewisse Körperkoordination, andererseits ermöglichen sie aber auch eine Kompetenzerfahrung, die gerade für die labilen und häufig verunsicherten Kinder ein wichtiges Erlebnis ist. Beispielsweise wurde für »Tayler« ein Spiel-Parcours gemeinsam entworfen und zusammen aufgebaut. Das Lernverhalten in der Gruppe förderte die Kommunikation untereinander, gemeinsame Überlegungen waren notwendig. Um zu testen, wie der Hund den Parcours bewältigen könnte, wurde jeweils paarweise ein »Kontrollrundgang« gemacht. Dies verlangte von den Kindern unter anderem, ihre eigenen Fehler zu erkennen, sie selbstständig zu korrigieren und mit einer gewissen Frustrationstoleranz umzugehen.

Die eigenen Probleme zu definieren und sie gemeinsam zu lösen, indem deutliche Signale durch Sprache und Körperhaltung gegeben werden, ist ein Verhaltenstraining, welches durch die Anwesenheit des Hundes und den Umgang mit ihm stark forciert wird.

Die Kinder haben gelernt, sich an den Bedürfnissen von »Tayler« zu orientieren. Da »ihr« Hund das Frisbee-Spiel sehr liebt, betätigen sie sich regelmäßig sportlich in der Turnhalle, um dieses Spiel zu erlernen, zu üben und korrekt mit »Tayler« umzusetzen – körperliche Betätigung mit Spaßfaktor ist die Folge.

Die körperliche Auslastung wird zusätzlich gefördert, indem zu allen Jahreszeiten das spielerische Naturerlebnis mit »Tayler« möglich ist – der Besuch von Abenteuerspielplätzen in natürlicher Umgebung lädt zu munteren Such- und Versteckspielen ein.

Diejenigen Kinder und Jugendlichen, welche sich im Umgang mit »Tayler« besonders positiv verhalten, haben die Chance, sich für die sogenannte »Päddog-Akademie« zu qualifizieren und die Ausbildung zum »Therapiehund-Trainerassistenten« zu absolvieren! Karl Mayer hat die Idee dieses mehrere Monate dauernden Kurses entwickelt, um durch positive Lernerfahrungen das Selbstbewusstsein seiner »Kids« zu stärken. Sein Hauptanliegen ist dabei das

Anlässlich der praktischen Prüfung zum »Therapiehunde-Trainerassistenten« arbeitet »Tayler« mit dem Prüfling freudig zusammen.
Foto: Mayer

gezielte Erlernen sozialkompetenten Verhaltens durch den Vermittler und Antriebsmotor »Therapiehund«, der die jungen Teilnehmer zum team-work und zur gegenseitigen Hilfestellungen motiviert und veranlasst.

Nach einem theoretischen und praktischen Teil erfolgt die Prüfung, die zur Aushändigung eines speziellen Ausweises führt. Die Inhaber dieses Ausweises haben dann die Berechtigung, das Therapiebegleithunde-Team »Tayler/Herr Mayer« bei anderen Einsätzen außerhalb der Einrichtung zukünftig zu unterstützen.

Um auch einer breiten Öffentlichkeit den Einsatz des Therapiehundes nahezubringen, veranstalten die »dogging-kids« mit »Tayler« und Karl Mayer bei Schul- oder Sommerfesten der Einrichtung eigene Programmpunkte. Dieses Geschehen erfordert Mut und Selbstüberwindung zum öffentlichen Auftritt, stärkt aber gleichzeitig auch das Gruppenbewusstsein enorm. Die gelungenen Vorführungen mit »Tayler«, die alle Anwesenden zu Beifallsstürmen hinreißen, sind ein riesiges Erfolgserlebnis für alle – und »Tayler« bekommt ein tolles Leckerli! Infos und Kontakt: www.paeddog.de

III. Integrationsklasse der »Regionalen Schule« in Sprendlingen (D)

Wenn »Mara« auf der »Insel« liegt, dann meistens nicht alleine. Denn diese Ruhefläche im Klassenraum der Regionalen Schule in Sprendlingen ist sowohl für den Therapiehund als auch für die gehandicapten Kinder der Integrationsklasse an der Regionalen Schule in Sprendlingen eine geschützte Zone zur Entspannung.

Die fünfte Klasse an dieser Haupt- und Realschule ist nämlich keine gewöhnliche Schulklasse – vor zwei Jahren ist auf Vorschlag der Klassenlehrerin Inge Meyer dort eine Integrationsklasse entstanden. Von den 23 Schulkindern haben sieben ein Defizit – unterschiedliche Handicaps wie Sprachprobleme »Dyslexie« oder »Dyskalkulie«, ADHS, Rheuma oder Sehbehinderungen belasten die Kinder in ihrer Entwicklung.

Auf ihre Nöte und Ängste, seelischen und körperlichen Leiden wird von allen Mitschülern Rücksicht genommen – besonders aber von »Mara«, der fünfjährigen »Golden Retriever«-Hündin, die zweimal in der Woche bis etwa anderthalb Stunden die Klasse besucht. Die Therapiehündin ist mit ihrer Besitzerin Inge Meyer zusammen in Wien zum TAT-Team ausgebildet worden. Seit etwa zweieinhalb Jahren leitet die engagierte Lehrerin für Deutsch, Gesellschaftslehre und Theologie die erste der TAT-Außenstellen in Deutschland mit Sitz in St. Johann.

Vor einigen Monaten hat »Mara« Unterstützung von »Robin« bekommen – der fast einjährige »Australian Shepherd« befindet sich zwar noch in der Ausbildung – er hat immerhin schon die TAT-Therapiehundeprüfung für Junghunde bestanden und »hospitiert« gelegentlich schon mal bei seinem großen Vorbild »Mara«. Mittlerweile gehören die beiden Hunde fest zum Schulbild. Unterstützt vom Schulleiter – der eigentlich Angst vor Hunden hatte – als auch vom gesamten Lehrerkollegium, ist der Einsatz von Inge Meyer und ihren Therapiehunden voll akzeptiert. Nach ausführlicher Darstellung der möglichen positiven, nachhaltigen Auswirkungen und unter Einbeziehung der betroffenen Eltern und Fach-Therapeuten hat sich eine Atmosphäre entwickelt, die eine gute Basis für die pädagogisch-therapeutischen Fördermaßnahmen mit den Hunden in der Klasse bedeutet.

Insbesondere für die Kinder mit den verschiedensten Defiziten verbessert sich die Lebensqualität in der Schule. Die regelmäßige Anwesenheit der erfahrenen und gelassenen »Mara« fördert das emotionale Wohlbefinden enorm. Das Gemeinschaftsgefühl steigert sich mit dem Erlernen der Fähigkeit zur Rücksichtnahme auf die anderen. Die beruhigende Ausstrahlung des Therapiehundes fördert die Konzentrationsfähigkeit, und auch ein gewisses Regelbewusstsein entwickelt sich unter den Schülern. Dies wird leicht nachvollziehbar, wenn man die Schilderungen von Inge Meyer aus der Sicht von »Mara« liest:

»Jascha ist sehr oft unwillig – dann hat er starke Kopfschmerzen. In seiner Achselhöhle ist unter der Haut eine Pumpe implantiert, die geräuschlos Wasser aus seinem Kopf absaugt. Jascha war bei seiner Geburt klinisch tot. Er wurde reanimiert und dabei erlitt sein Gehirn Quetschungen. Jetzt hat er einen Wasserkopf. Manchmal gibt Frauchen Jascha nach einem Telefonat mit seiner Mutter auch eine Tablette. Dann muss sich Jascha auf der »Insel« hinlegen und eine halbe Stunde schlafen ... Damit Jascha dort nicht alleine ist, legt mich Frauchen zu seinen Füßen ab. Die Klasse respektiert dieses Signal: Während Jascha schläft, darf nur geflüstert werden.

Auf der »Insel« mache ich es mir auch gemütlich, wenn mir Tobias etwas vorliest. Er kann nur ganz wenige Wörter richtig aussprechen, aber ich höre ihm immer sehr aufmerksam zu und lege meinen Kopf auf seine Knie, wenn ihm ein Zungenbrecher wieder die Tränen in die Augen jagt.

Große Geduld muss ich mit John haben. Er leidet unter Dyskalkulie und kompensiert sein Defizit mit unendlich langen, druckreifen Reden. Außerdem will er immer alles besser wissen und endlos diskutieren, was seine Mitschüler ganz gewaltig nerven kann. Wenn er richtig Dampf ablässt, sind seine Hände ganz feucht. Aber ich lasse mich dann trotzdem von ihm streicheln, denn das beruhigt ihn kolossal.

Ein ganz dicker Brocken, auch im optischen Sinne, ist Stephan. Er kann einfach seine Hände und Füße nicht kontrollieren. Er ist ständig in Aktion, schneidet Grimassen und macht mit Clownerien auf sich aufmerksam. Hyperaktivität nennt Frauchen das. Aber da sie immer ganz ruhig und freundlich mit Stephan redet, bin ich auch sehr gelassen, wenn Stephan mit mir Konzentration übt. Er schneidet eine Banane in kleine Scheiben und reicht mir diese mit einer Kuchengabel. Mir gefällt diese Fütterung, und ich nehme nichts vom Boden auf, wenn Stephan ungeschickt war.

Ehe es gongt, hängt mir Frauchen ein Körbchen mit Leckerlis in den Fang. Dieses trage ich von Kind zu Kind, mache folgsam »Sitz«, nehme artig ein einziges Leckerli zur Belohnung und trage den Jackpot weiter durch die ganze Runde. Ich glaube, die Kids sollen bei diesem Ritual Disziplin lernen.«

(Text von Inge Meyer)

Diese plastische Beschreibung verdeutlicht die vielfältigen pädagogisch-therapeutischen Details sehr anschaulich – »Mara« begegnet als ausgebildeter Therapiehund jedem Kind unvoreingenommen und akzeptiert es in seiner individuellen Persönlichkeit ohne Einschränkungen. Dadurch steigert sich das

Selbstwertgefühl der Schüler und die Selbstsicherheit wird stärker – eine Entwicklung, die gerade bei Kindern mit Handicaps wünschenswert ist.

Neben der stundenweisen Anwesenheit in der Klasse nehmen die Therapiehunde auch an schulinternen Veranstaltungen, wie beispielsweise Projekttagen zum Thema »Hund« oder auch an besonderen Aktionen, wie einer »Lesenacht« oder einer »Nachtwanderung« teil – zur großen Begeisterung aller Kinder sind sie dann die ständigen Begleiter und Beschützer in jeder Situation. Selbstverständlich immer unter der Betreuung und Anleitung durch ihre Lehrerin und Therapiehundeführerin Inge Meyer.

Kontakt: meyer.net@t-online.de – http://www.tierealstherapie.org

IV. Die Werkstufe der Don Bosco-Schule (Förderzentrum) in Bad Kreuznach (D)

»Mara« besuchte mit Inge Meyer auch einmal in der Woche ein halbes Jahr lang die Werkstufe der Don Bosco-Schule in Bad Kreuznach – der angstfreie Umgang mit Hunden stand auf dem Stundenplan.

Die meist mehrfach behinderten Jugendlichen, die zum Teil sehr ängstlich in der Begegnung mit Hunden waren, wurden in kleinen Schritten an den Kontakt mit »Mara« herangeführt. In gewohnter Umgebung und im Beisein ihrer beiden Betreuerinnen erreichte es das eingespielte Therapiehunde-Team in kurzer Zeit, das Vertrauen der unsicheren Schüler gegenüber »Mara« aufzubauen und zu stärken. Die stets freundliche Kontaktbereitschaft des Hundes, der auch auf die akustischen und optischen Signale der Jugendlichen ohne Vorbehalte reagierte, ließ deren Angstgefühle langsam abbauen.

Besonders den autistischen Andreas, der mit 20 Jahren panische Angst vor Hunden hatte, kostete es zunächst große Überwindung, die Gegenwart von »Mara« überhaupt zuzulassen. Bis zu diesem Zeitpunkt rannte er überstürzt davon, wenn er nur einen Hund von Ferne bellen hörte. Doch »Maras« beruhigende Ausstrahlung und die vorsichtige Annäherung unter der positiv bestärkenden Einwirkung von Inge Meyer führte zu erstaunlichen Reaktionen des Jungen. Er »öffnete« sich »Mara«, war in der Lage, sie zu streicheln und zu bürsten – ein außergewöhnliches Verhalten eines hochgradigen Autisten!

Auch die Schülergruppe reagierte auf die besondere Situation von Andreas – immer wenn er ohne taktile Verkrampfungen auf seiner Decke sitzen blieb, während »Mara« diese umkreiste, um verstreute Leckerlis aufzunehmen, honorierte sie diese persönliche Leistung mit Beifall.

Ermutigt durch diese ersten, erstaunlichen Erfolge bei Andreas – der weder sprechen noch sich ansonsten mitteilen kann – der aber dennoch im Beisein

Der autistische Jugendliche mit einer Hundephobie reagiert auf Therapiehündin Mara, ein Golden Retriever, mit ungewöhnlichem Verhalten – er wendet ihr offensichtlich angstfreie Aufmerksamkeit zu, indem er sie streichelt.

Unter Anleitung von Therapiehundeführerin Inge Meyer »spielt« der Autist Andreas sogar mit Mara – er kann sich dabei auf den Spielablauf mit den Leckerlis konzentrieren.

des Hundes seine eigene, in sich abgeschlossene Welt zeitweise verlassen konnte, entschieden sich die Eltern für eine weitere Einzelfallhilfe, zusammen mit dem Therapiehunde-Team und unter Einbeziehung des behandelnden Fach-Therapeuten. Mit zunehmenden Fortschritten und in Begleitung der Eltern waren letztendlich sogar Spaziergänge möglich, während derer Andreas die Leinenführung von »Mara« übernehmen konnte.

Durch spezielle Spieltechniken mit dem Hund wurde auch die taktile Verkrampfung des autistischen Jungen zeitweise entspannter und er war in der Lage, mit »Mara« – auf seine individuelle Weise – zu »spielen«, sich zumindest kurzzeitig auf den Umgang mit ihr zu konzentrieren.

Mittlerweile hatte Andreas seine Ängste soweit abgebaut, dass er in der Lage war, eine Gruppe ihm völlig fremder Hunde und deren Besitzerinnen zu durchqueren und sich innerhalb dieser Gruppe zu bewegen, ohne auffällige Anzeichen von autistischen Reaktionen oder Verhaltensweisen zu zeigen. Ein Meilenstein in der persönlichen Entwicklung von Andreas – und aus der Sicht von Eltern und Betreuer noch vor ein paar Monaten undenkbar.

Die Gruppe bestand allerdings ausschließlich aus informierten Therapiehunde-Teams, die sich während dieser Aktion entsprechend rücksichtsvoll verhielten. Dennoch ist es ein überzeugendes Beispiel, wie durch gezielte Zuwendung, eine durchdachte Vorgehensweise von allen Beteiligten und einem speziell ausgebildeten Therapiehund unerwartete Therapieerfolge erreicht werden können.

Kontakt: wie oben

In Begleitung von Inge Meyer schreitet Andreas ohne Panik durch eine unbekannte Gruppe von Menschen mit ihren (Therapie-)Hunden hindurch.

V. Resozialisierung in der Jugendanstalt Neustrelitz (D)

Eigentlich ist Donatha Wölk ausgebildete Agraringenieurökonomin – ihr Lebensweg führte sie allerdings in eine andere berufliche Richtung. Schon immer von Tieren umgeben, entdeckte sie ihre besondere Beziehung zu Hunden, deren pädagogisch-therapeutische Wirkung sie fortan in ihrem beruflichen Umfeld einsetzte. Zunächst in ihrer Funktion als Leiterin eines Schullandheimes, später während regelmäßiger Schulbesuchsdienste in Förderschulen sowie Grund- und Hauptschulen – die Begegnung mit ihren Hunden wurde für die Kinder und Jugendlichen eine lebensnahe Ergänzung des Sachkundeunterrichts.

Sie machte sich vor drei Jahren selbstständig und arbeitet heute mit ihren drei ausgebildeten Hunden tiergestützt in den unterschiedlichsten sozialen Einrichtungen.

Zusätzlich begann sie eine Weiterbildung am »Institut für soziales Lernen mit Tieren« in der Wedemark, die sie im Jahre 2005 erfolgreich abschließen konnte.

»Mounty«, ein Siberian Husky (8 Jahre), »Carlos«, ein Irish Wolfhound (5 Jahre) und »Lord«, ein Cavalier King Charles Spaniel (2 Jahre) sind das Therapiehunde-Team von Donatha Wölk. Abwechselnd begleiten sie ihre Rudelführerin in verschiedene Bildungseinrichtungen, Familienbegegnungsstätten, Seniorenheime und unterschiedliche Rehabilitationseinrichtungen – und in eine Jugendanstalt.

Die Jugendanstalt Neustrelitz des Bundeslandes Mecklenburg/Vorpommern weist einige Besonderheiten auf, u.a. dass eingewiesene Jugendliche und Heranwachsende hier untergebracht sind, für die ein Erziehungsauftrag von Seiten des Staates besteht.

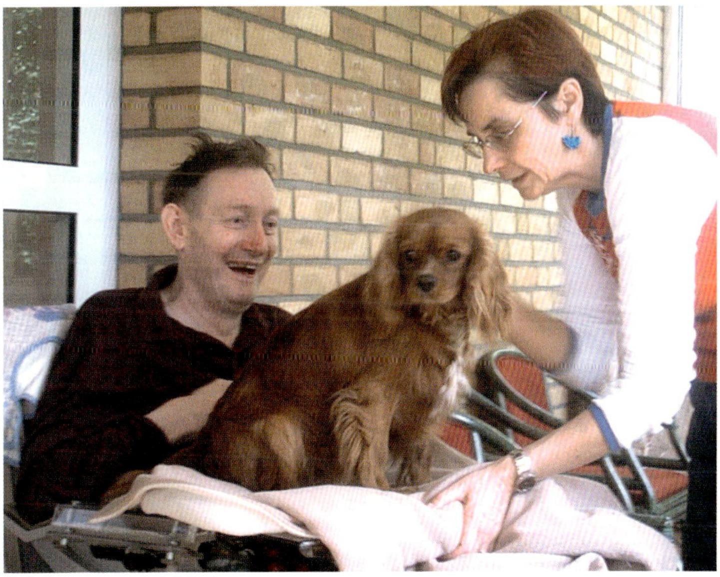

Ein glückliches Lächeln geht über sein Gesicht, wenn »Lord« sich auf seinem Schoß niederlässt. Donatha Wölk hatte mit ihrem Cavalier King Charles Spaniel den alten Herrn im Pflegehaus »Dr. Wilde« in Plau am See in seinen letzten Tagen noch regelmäßig besucht.
Foto: Wölk

Die Anstaltsleitung und die Mitarbeiter der JA stehen konstruktiven Ideen offen gegenüber. Das Interesse an neuen Wegen ermöglichte es Donatha Wölk, ihr Konzept: »Soziales Lernen mit Hunden – Anwendung tiergestützter Therapiemöglichkeiten in der geschützten Abteilung für junge, ersthaftierte Untersuchungsgefangene« vorzustellen und umsetzen zu können.

Diese neue Konzeptidee unterschied sich wesentlich von den bisherigen Tierprojekten in anderen JVA's. Im Mittelpunkt standen keine arbeitstherapeutischen Ziele und Maßnahmen, sondern es wurden soziale Trainingsmaßnahmen durch den Einsatz von Hunden unterstützt. Die Motivation, am sozialen Kompetenztraining mit Donatha Wölk aktiv teilzunehmen, stieg durch die Anwesenheit von Hunden erheblich an.

Es zeigte sich, dass die Hunde einen hohen Beitrag zur Sozialisierung der Gefangenen leisten konnten. Beispielhaft schildert Donatha Wölk: »Der richtige Umgang mit Hunden erfordert das Erlernen und Einhalten von Regeln und Normen. Der Hund baut nur eine enge Beziehung zum Gefangenen auf, wenn dieser ihn gut behandelt. Besonders deutlich zeigt das der Spaniel »Lord«, der sich rückwärts gehend zurückzieht, wenn ein Gefangener aufbrausend und laut ist, bedrohlich wirkt und keinerlei Geduld und Einfühlungsvermögen für ihn zeigt. Schutz suchend hatte sich der Spaniel dann einem Gefangenen zugewendet, der stets ruhig und zurückhaltend war, und von den anderen Gefangenen deshalb oft gehänselt wurde. Von diesem hat sich »Lord« auf den Arm nehmen lassen – und nicht vom körperlich weit überlegenen Mitgefangenen. Der Betroffene war stolz, dass er vom Hund »als Beschützer« ausgesucht und bevorzugt wurde. Diese Situation konnte spontan genutzt werden, um Vergleiche zwischenmenschlicher Beziehungen zu ziehen, das Thema Kontaktaufbau und andere sensible Themen der Umgangsformen anzusprechen. Im weiteren Verlauf des Projektes konnte festgestellt werden, wie aufmerksam die Gefangenen auf ihren eigenen Umgangston untereinander achteten, wenn einer der Hunde unter ihnen weilte. Wir konnten feststellen, dass die Gefangenen in Gegenwart der Hunde weniger aggressiv, unsicher und deprimiert waren«, so ein wesentliches Fazit des Projektes.

Leider dürfen an diesem Einsatzort keine Fotos von den Insassen gemacht werden, sodass nur das Therapiehunde-Team von Donatha Wölk nebenstehend abgebildet ist.

Über ihren praktischen Einsatz mit den Hunden hinaus, engagiert sich Donatha Wölk als stellvertretende Geschäftsführerin für den 2005 gegründeten »Förderverein für tiergestützte Pädagogik, Therapie und Fördermaßnahmen e.V.«. Besonderen Wert legen die Mitglieder dieses Vereins auf die Sicherung von Qualitätsstandards in der Ausbildung und dem Einsatz von Teams in der tiergestützten Arbeit. Kontakt: Donathawoelk@aol.com

Die drei Therapiehunde von Donatha Wölk, ein Cavalier King Charles Spaniel (»Lord«, 2 J.), ein Siberian Husky (»Mounty«, 8 J.) und ein Irish Wolfhound (»Carlos«, 5 J.) besuchen mit ihr abwechselnd die Jugendstrafanstalt – leider dürfen keine Aufnahmen mit den Insassen gemacht werden.
Foto: Wölk

VI. Förderschule Wartbergschule in Osterode (D)

Aufgrund einer Umfrage in der Zeitung der »Lebenshilfe e.V.« meldete sich früh morgens ein begeisterter Schulleiter bei der Autorin – an »seiner« Schule sei der Einsatz von Tieren der verschiedensten Art längst nichts Besonderes mehr. Im Gegenteil – vor allem die tiergestützte Pädagogik mit Hunden gehöre schon länger zum schulischen Alltag mit dem Schwerpunkt Lernen und der Förderung geistiger, sprachlicher und körperlicher Entwicklung.

Und in der Tat – der engagierte Schulleiter der Förderschule, Arthur Anton, hatte nicht übertrieben. Neben Enten, Kaninchen, Meerschweinchen, Schafen und Pferden im und um das Schulgelände herum, verweilen auch gelegentlich sechs Hunde als pädagogische Begleiter von Fördermaßnahmen, die von sechs Mitarbeitern und Lehrern stundenweise unter den Kindern und Jugendlichen im Klassenverband durchgeführt werden.

Die Initiatorin dieser umfangreichen tiergestützten pädagogischen Angebote, Christina Rath, hatte vor drei Jahren zusammen mit dem Kollegium und dem Schulleiter ein umfangreiches Konzept erarbeitet, welches auch den gezielten Einsatz von Hunden im pädagogischen Bereich beinhaltete.

Die Förderschullehrerin hatte zuvor zwei Jahre lang im »Institut für soziales Lernen mit Tieren« in der Wedemark mit der Leiterin Ingrid Stephan zusammen gearbeitet, und ihre vielen Eindrücke und Erfahrungen aus diesem Arbeitsfeld in ihren neuen Tätigkeitsbereich in der Wartbergschule integrieren können. Die ersten Kontakte zu den Kindern und Jugendlichen mit unterschiedlichsten Handicaps hatte sie mit ihrer Hündin »Rosa«, einer dreijährigen

In Begleitung der Hunde und Schafe wird ein Spaziergang für Michel und Lukas aus der 6. Klasse viel interessanter. Unter Anleitung von Christina Rath (rechts) haben sie Regeln gelernt, wie mit den Tieren umzugehen ist – aber auch wie untereinander die Umgangsformen einzuhalten sind. Foto: Kühne

»Labrador«-Hündin aufgebaut. Inzwischen hat sie weitere »Unterstützung« von »Lila-Luna«, ebenfalls einer »Labrador«-Hündin, die mit fast einjähriger Junghundepower die Szene etwas aufmischt.

Im Unterricht unterstützen die Hunde Christina Rath in vielfältiger Weise. Unter anderem verhelfen sie Kindern mit Konzentrationsschwächen und einem erhöhten Bewegungsdrang (ADHS) dazu, motivierende Freiräume zu schaffen. »Es gibt ganz einfache Wege, den Kindern eine Auszeit zu gönnen, indem man sie bittet, kurz mit dem Hund rauszugehen. Man bietet ihnen auf diese Weise einen Methodenwechsel an, der ihnen Bewegung ermöglicht und ihr Selbstwertgefühl steigern lässt. Auf diese Weise lernen diese Kinder, durch ihren Drang nach Bewegung nicht zu stören, sondern ihn sinnvoll umzusetzen«, so schildert Christina Rath eine kurze Szene aus ihrem Schulalltag.

Einem ihrer Schüler fiel es immer wieder schwer, sich an Absprachen zu halten. Er hatte häufig Streit mit seinen Mitschülern und litt unter Kontaktschwierigkeiten. Zwischen ihm und »Lila-Luna« hatte sich schnell eine gute Beziehung entwickelt. Ihre positiven Reaktionen auf seine Person bestätigten ihn und ermöglichten – mit der Hündin als »Brückenbauer« – gemeinsame Unternehmungen mit den Schulkameraden, beispielsweise Spaziergänge in den Pausen.

Ihre Hunde sind nicht die einzigen in den Klassenräumen, mittlerweile setzen weitere fünf Kolleginnen ihre eigenen Hunde – drei Labradore, ein Beagle, ein Rhodesian Ridgeback, eine Dackeldame und ein Labradormischling – in der Förderschule im Rahmen pädagogischer Fördermaßnahmen ein.

Darüber hinaus legen die Pädagogen auch großen Wert auf die Elternarbeit in der Förderschule, die so weit geht, dass auch interessierte Elternpaare an den praktischen Umgang mit einem Therapiehund herangeführt werden. Dadurch haben alle Beteiligten einen direkten und intensiven Bezug zu den Hunden an sich, aber auch einen transparenten Einblick in die allgemeinen tiergestützten pädagogischen Fördermaßnahmen für ihre Kinder.

Diese Transparenz hat dazu geführt, dass der Förderverein der Elternschaft gelegentlich für besondere Maßnahmen im Bereich der tiergestützen Arbeit auch finanzielle Unterstützung gewährleistet. Auch die Schulleitung hat eine Möglichkeit gefunden, Gelder für spezielle Lehrmittel bereitzustellen, sodass die allgemeine Unterstützung für den Einsatz der Therapiehunde umfassend ist.

Mit einem solchen Hintergrund lässt es sich erfolgreich arbeiten – der gute Ruf in der Szene hat dazu geführt, dass die tiergestützte Pädagogik ein begründetes Argument für Eltern im weiteren Umkreis geworden ist, ihre Kinder mit erhöhtem Förderbedarf in der Wartbergschule anzumelden.
Kontakt: wartbergschule-osterode@t-online.de

VII. Integrative Kindertagesstätte »Regenbogen« der Lebenshilfe Bernburg GmbH (D)

»Es ist einfach faszinierend, was mit Hunden alles möglich ist – sie sind so kommunikative Tiere«, sagt Ramona Wagner, die Leiterin der integrativen Kindertagesstätte »Regenbogen«. Neben Pferden und Alpakas bietet diese Einrichtung der Lebenshilfe den behinderten Kindern auch die regelmäßige Begegnung mit den beiden Hunden der Leiterin an.

Ramona Wagner arbeitet seit zwei Jahren mit den geistig behinderten Kindern und Erwachsenen in der Einrichtung und den verschiedenen Werkstätten der Lebenshilfe – und darüber hinaus als Heilpädagogin in der tiergestützten Pädagogik und Therapie. Der Träger fördert ihren Einsatz ausdrücklich und finanziert daher auch ihre berufbegleitende Zusatz-Ausbildung am »Institut für soziales Lernen mit Tieren« in Wedemark voll.

»Es begeistert mich immer wieder, wie viel Motivation so ein Vierbeiner bei unseren Kindern und Jugendlichen auslöst«, erzählt die engagierte Heilpädagogin, und fährt fort: »Wenn Cora in der Gruppe erscheint, steht allen die Freude ins Gesicht geschrieben.«

Die fünfjährige Hündin, die von Ramona Wagner als Welpe aus dem Tierheim geholt wurde, genießt den Kontakt zu den Kindern ebenfalls. Als Staffordshire Bull Terrier-Mix ist sie zwar ein eher seltenes Exemplar in der Therapiehundeszene, aber sehr menschenbezogen.

»Cora« motiviert durch ihr einnehmendes Wesen auch die Erwachsenen zur gemeinsamen Bewegungstherapie, ist in den Lernstunden ein geduldiger Zuhörer und für so manche Streicheleinheit immer zu haben.

Als Zweithund wird sie gelegentlich von »Connor« unterstützt, einem zweijährigen Bullmastif-Mix, mit dem Ramona Wagner ebenfalls nur gute Erfahrungen im Einsatz bei den geistig behinderten Erwachsenen in den Werkstätten macht. Gemeinsam ist Sport und Spiel, Arbeiten und Spazierengehen einfach lustiger und interessanter – eine menschenfreundliche Prägung, konsequente Erziehung und ein vielseitiges Milieutraining der Therapiehunde sind dafür die Voraussetzung. Kontakt: kita@lebenshilfe-bbg.de

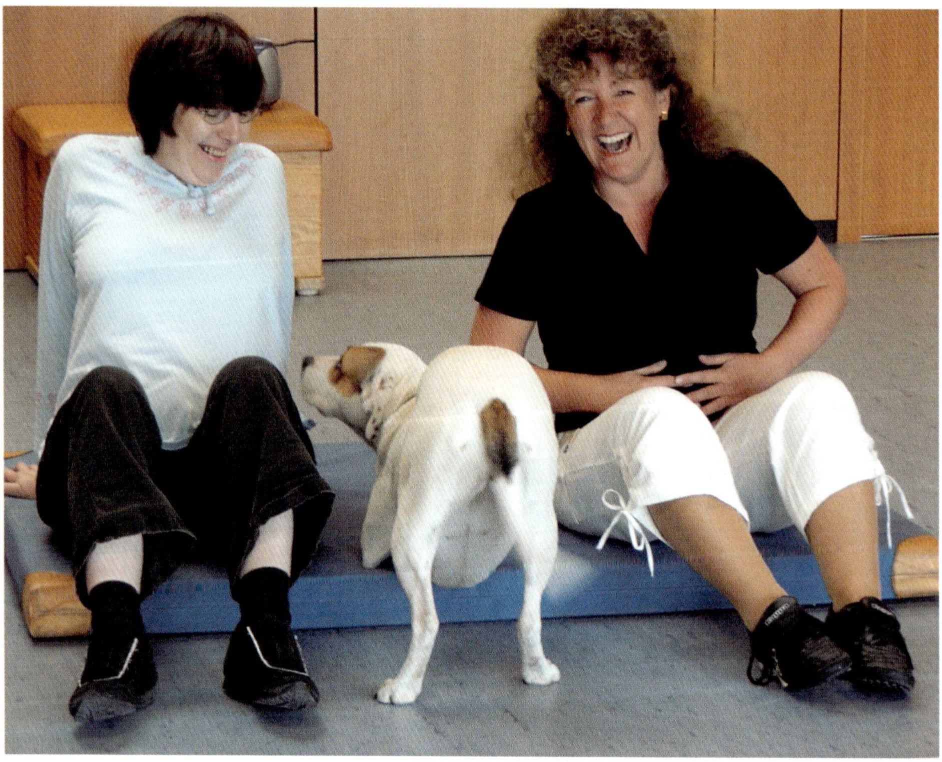

»Menschen mit besonderen Bedürfnissen benötigen eine besondere Motivation« sagt Ramona Wager (rechts) – Coras Körpersprache hat klaren Aufforderungscharakter. Foto: Ahrendts

VIII. Die Kinderklinik des Landeskrankenhauses »Wiener Neustadt« (A)

Der Mischling Astor und Peter Strauch besuchen regelmäßig als aktives Therapiehunde-Team die Kinderklinik des Landeskrankenhauses »Wiener Neustadt«.

»Astor« kennt den Weg ganz genau – durch die große Flügeltüre rein und durch den Gang mit den vielen weißen Türen. Wedelnd begrüßt er die Menschen in den weißen Kitteln, um dann gezielt in einen ganz bestimmten Raum einzubiegen – das Spielzimmer auf der Kinderstation des Krankenhauses »Wiener Neustadt«. Dort wird er schon erwartet – die kleinen Patienten mit allerlei Blessuren wissen die willkommene Abwechslung sehr zu schätzen.

In Begleitung folgt ihm Peter Strauch, der mit dem vierjährigen Rüden als Therapiehunde-Team von »THL« dort im Einsatz ist. »Astor« ist ein Mix aus den Rassen Rottweiler-Schäferhund-Labrador-Berner Sennenhund und Dalmatiner. Sein Besuch ist nicht selbstverständlich, denn die Türen eines Krankenhauses öffnen sich für den Besuch von Therapiehunden bisher ausgesprochen selten. Aber durch eine qualifizierte Ausbildung des Hundes, eine differenzierte konzeptionelle Begründung von »THL« und durch ein unterstützendes Gutachten des Hygienikers Dr. Aspök aus St. Pölten konnte die Krankenhausleitung und Ärzteschaft überzeugt werden, dass viele Bedenken unbegründet sind und der zu erwartende Erfolg im Genesungsprozess der kleinen Patienten überwiegt.

Für »Astor« bedeutet diese Erwartungshaltung keinen Stress – munter und spielfreudig bezieht er die kleinen Patienten in seine Kunststücke mit ein, die er zusammen mit Peter Strauch einstudiert hat. Zu einem herzlichen Lachen bringt er sie immer – und dafür gibt's dann natürlich eine leckere Belohnung aus Kinderhand. Die offensichtliche Verbesserung der allgemeinen Stimmungslage und die Belebung der meistens sterilen Krankenhausatmosphäre wissen auch die Schwestern und Pfleger zu schätzen.

Neben den aktiven Spieleinheiten gestaltet Peter Strauch mit »Astor« auch ruhige Sequenzen während seines Besuches – die Kinder dürfen den entspannten und gelassenen Hund streicheln und bürsten, was er gerne mit sich geschehen lässt. Die Beschäftigung mit dem umgänglichen Tier und der mögliche Körperkontakt zu einem Lebewesen beruhigt einerseits, andererseits bringt »Astor« ein wenig Abwechslung in den Krankenhausalltag. Viel zu schnell vergeht die Besuchszeit – aber die beiden kommen ja bald wieder.

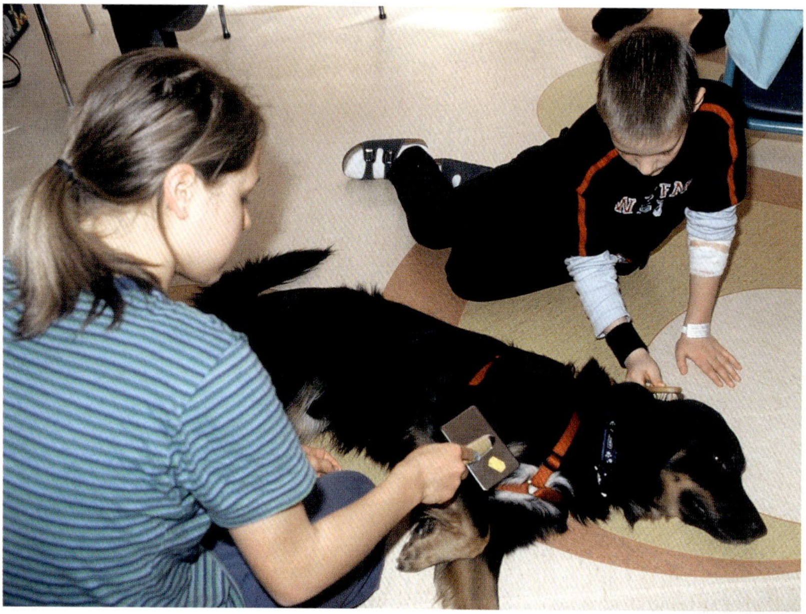

Die kleinen Patienten freuen sich über jede Abwechslung in der Kinderklinik – der körpernahe Kontakt zum Therapiehund durch pflegen und spielen lenkt von den eigenen Schmerzen ab und fördert die Genesung.

Nachdem sich die Besuche auf der Kinderstation über einen längeren Zeitraum bewährt haben, ist es Peter Strauch nun gelungen, mit offizieller Erlaubnis auch die Krankenhaus-Abteilung der Radioonkologie mit »Astor« stundenweise aufzusuchen, ein Durchbruch für das Therapiehunde-Team, mit entsprechender Wirkung und Vorbildfunktion über die Landesgrenzen hinaus! Kontakt: www.tiere-helfen-leben.at

IX. Logopädische Praxis in Losheim am See (D)

Die Logopädin Natalie Schorr arbeitet seit sieben Jahren in ihrem Beruf, seit drei Jahren selbstständig in einer Praxisgemeinschaft mit Tina Walter-Veit im Raum von Merzig im Saarland. Als einzige Logopädin weit und breit hat sie sich vor zwei Jahren entschlossen, einen Therapiehund in ihrem Fachbereich einzusetzen. Die langwierige Suche nach einem geeigneten Hund hatte Erfolg

– »Choco«, die mittlerweile anderthalbjährige Labrador-Hündin absolviert mit ihr zusammen die Ausbildung zum »Therapiebegleithunde-Team« beim M.I.T.T.T., welche kurz vor dem Abschluss mit Zertifikat steht.

»Choco« hat vor allem gezielten und geregelten Kontakt zu Stotterpatienten jeden Alters, zu Autisten und Schlaganfall-Patienten zwischen zwei und achtzig Jahren. Natalie Schorr behandelt Sprach- und Sprechstörungen, Schluckstörungen und Stimmstörungen, die jeweils unterschiedliche Gründe haben.

Insbesondere im Umgang mit den Stotterpatienten erreicht »Choco« ersichtliche Fortschritte und vermittelt den Betroffenen regelrechte Erfolgserlebnisse. Wenn der 12-jährige Thomas ein akustisches Signal, wie beispielsweise »Platz« korrekt und stotterfrei ausspricht und »Choco« direkt reagiert, ist das für ihn und all die anderen Patienten eine enorme Motivation, sich auf ihre Aussprache mehr zu konzentrieren und an sich weiter zu arbeiten. So wird eine Verbesserung der Sprechfreude erreicht, der Atem reguliert sich und darüber hinaus bedeutet »Choco« eine echte Kommunikationshilfe zwischen der Therapeutin und den Patienten. Sie kommen gerne zur Sprach-Therapie und fühlen sich wohl in der Umgebung der Hündin – sie beruhigt und vermittelt eine angenehme Atmosphäre. Kontakt: www.logopaedie-losheim.de

Das Selbstbewusstsein von Thomas steigt – er konnte ein stotterfreies Kommando geben und »Choco« reagierte direkt auf »Platz«. Ziel der Übung war es, die schwierige Koordination zwischen Sprache und Handzeichen erfolgreich umzusetzen. Foto: Walter-Veit

X. Der »Geniushof« in Mainz-Kostheim (D)

»Momo, bitte komm« schreit der kleine David laut und deutlich mit verzückter Stimme. Noch vor ein paar Monaten unvorstellbar – der mehrfach schwerstbe-

Der kleine schwerstbehinderte David ist über jeden Körperkontakt zu Momo, der Mischlingshündin, glücklich – seine spastischen Verkrampfungen in den Händen lösen sich und sie bleiben geöffnet.

Gestützt von Daniela Hahn motiviert die Theapiehündin David zum aufrechten Sitzen und Anheben des Kopfes, um zu ihr Blickkontakt herstellen zu können.

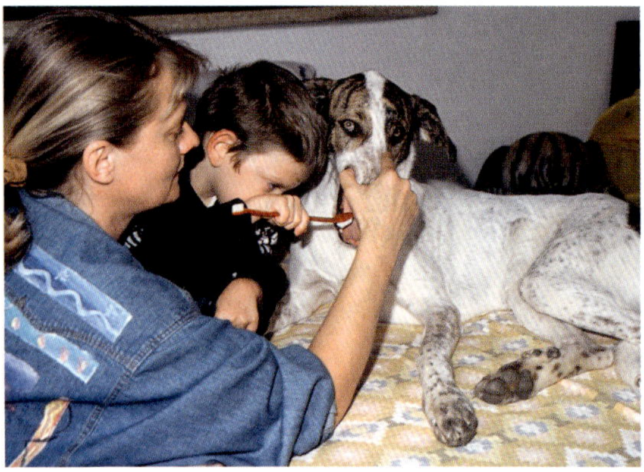

Momo lässt sich geduldig die Zähne putzen – von David, der die Zahnbürste festhalten und damit gezielte Bewegungen ausführen kann.

hinderte fünfjährige Junge galt als »austherapiert«. Seit anderthalb Jahren besucht er mit seiner Mutter den »Geniushof e.V.« und Daniela Hahn, die Leiterin des als gemeinnützig und besonders förderungswürdig anerkannten Vereins für tiergestützte Therapie mit Hunden.

»Momo« – das ist eine anderthalbjährige Mischlingshündin, die mit vier Monaten aus schlechter Haltung mit einem Tierschutztransport aus Spanien nach Mainz-Kostheim kam. Wie alle sechs Therapiehunde auf dem Geniushof gehört sie zum Rudel der Mischlinge aus südlichen und östlichen Ländern, die eine neue Heimat bei Daniela Hahn gefunden haben. Und eine neue Aufgabe – sie werden zu Therapiehunden erzogen und ausgebildet. Unterstützt von Therapeuten aus verschiedenen Fachbereichen, ihren Mitarbeitern und den aktiven 95 Vereinsmitgliedern hat Daniela Hahn ein »Zentrum der Lebensfreude durch Integration« aufgebaut, das sich durch seine außergewöhnliche Konzeption und deren praktischen Erfolg auszeichnet. Das wesentliche Ziel von Daniela Hahns Einsatz heißt: Die Integration behinderter und nicht behinderter Menschen mit denen des Tierschutzes zu verbinden. Der Verein bildet seit drei Jahren Therapie-, Assistenz- und Familienhunde aus, hat eine therapeutisch integrative Hundeschule, bietet ungeliebten und verstoßenen Tieren ein neues Zuhause, betreut behinderte Kinder und Jugendliche und besucht mehrere Alten- und Pflegeheime mit seinen Hunden. Darüber hinaus wird – in kleinen Gruppen – eine Ausbildung zum »Therapiehunde-Team« angeboten. Kontakt: www.geniushof.de

XI. Tiergestützte Physiotherapie an der »Fachklinik Hohenstücken« in Brandenburg a. d. Havel (D)

»Bud«, der agile Schäferhund-Mix, verbrachte acht Jahre seines Lebens als Haus- und Hofhund – seit zwei Jahren unterstützt er sein Frauchen in den Therapieräumen des neurologischen Rehabilitationszentrums für Kinder und Jugendliche als Therapiehund.

Die Physiotherapeutin Wenke Robin hatte mit ihm bei Gerda Fischer – (VTHS-Trainerin/Richterin) vom Verein Mensch und Tier in Viesecke – eine Ausbildung zum »Therapiehunde-Team« absolviert und setzt »Bud« seitdem an ihrem Arbeitsplatz in der Reha-Klinik als erfolgreichen Co-Therapeuten ein.

Unterstützt und gefördert durch die Klinikleitung und den ärztlichen Direktor Dr. med. Martin Köhler, der die tiergestützte Therapie als einen Baustein im Gesamtkonzept der Behandlung sieht, arbeitet das »Therapiehunde-Team« vor allem mit Kindern und Jugendlichen, die mit neurologischen Erkrankungen infolge eines Unfalls oder einer Infektion physiotherapeutisch behandelt werden müssen.

Die jungen Patienten empfinden die Begegnung mit »Bud« nicht als »Therapie« – es ist für sie eine spielerische Variante des Bewegungstrainings. Je nach den gesundheitlichen Beeinträchtigungen werden gezielte Übungselemente mit der Spielfreude und dem Beutetrieb von »Bud« verknüpft.

Am Beispiel von Jan und Jenny lässt sich eindrücklich demonstrieren, wie nachhaltig der Therapiehund die Behandlung positiv gefördert und unterstützt hat. Der fünfjährige Jan kam nach einer Gehirnoperation zum stationären Reha-Aufenthalt in die Fachklinik. Zusätzlich zu einem umfangreichen Therapieprogramm wurde er auch physiotherapeutisch behandelt und lernte »Bud« kennen – er freute sich auf jede »Spielstunde« mit ihm.

Jans Problem war sein ataktisches Bewegungsmuster – sein Gleichgewicht war gestört und besonders beim Aufstehen benötigte er noch Hilfe. Der freie Stand war kurzzeitig möglich und mit Unterstützung konnte er auch kurze Strecken gehen. Gezielte Übungen mit dem Hund und einem Reifen förderten beispielsweise das Gleichgewicht und verlängerten somit die jeweilige Standphase (siehe Bilder nächste Seite). Jans Lieblingsübung war das Verstecken

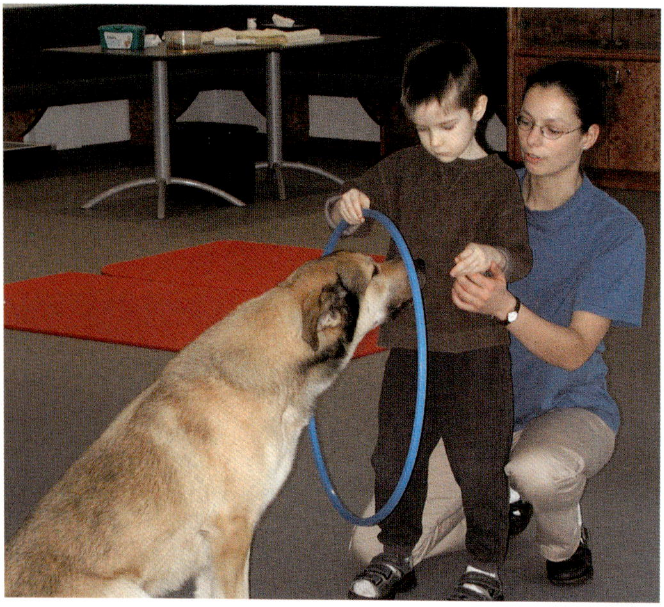

Jan lockt Bud mit der Gabe eines Leckerlis durch den Reifen – fast eigenständig und aufrecht stehend wird er nur leicht von Wenke Robin im Gleichgewicht gehalten. Fotos: Fachklinik Hohenstücken

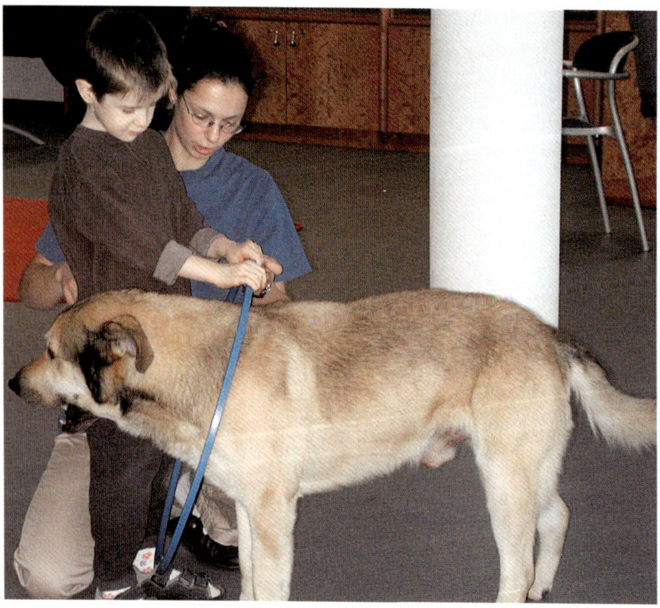

eines Leckerlis. Dafür musste er den Hund zunächst mit einem Kommando ablegen (artikulierte Sprachübung), ihn dafür loben durch Streicheln, indem er sich nach vorne beugte (Gleichgewichtsübung). Dann ging Jan eigenständig zu einem Schrank und holte dort einige Gegenstände, wie zum Beispiel einen Becher (Schulung der Fein- und Grobmotorik). Unter diesem Becher versteckte er das Leckerli, wobei er sich nochmals nach vorne beugen musste. Dann schickte er den Hund auf die Suche – um ihn anschließend bei einer »Streichelpause« auf dem Boden tüchtig zu loben. Danach stand Jan selbstständig auf!

Die zehnjährige Jenny hatte nach einem Verkehrsunfall ein schweres Schädelhirntrauma. Sie musste sich im Rollstuhl fortbewegen, was ihr allerdings nur über kurze Strecken eigenständig gelang. Die Schwerpunkte der physiotherapeutischen Behandlung lagen in der Förderung der Eigenaktivität, unter Einbeziehung der rechten oberen Extremität, im Rollstuhltraining und in der Förderung der Sprache. Nach einer Vielzahl von einzelnen Übungseinheiten, immer zusammen mit »Bud«, begannen die Kombinationsübungen, bei denen Jenny eigenständig ihre rechte Hand einsetzen sollte.

Ihre Lieblingsübung war das Werfen des Leckerlis, damit »Bud« es fangen konnte.

Dazu musste sie zunächst ein Leckerli holen:

- zum Tisch fahren, Dose öffnen, Leckerli mit dem Pinzettengriff herausnehmen, Dose wieder schließen (Förderung der Feinmotorik und Rollstuhltraining)

Dann sollte sie den Hund rufen:

- Blickkontakt aufnehmen, auffordernd und deutlich sprechend und mit beiden Händen dazu klatschen (Schulung von Beobachtung und Wahrnehmung, Sprachübung, siehe Bild rechts oben)

Anschließend den Hund an einen bestimmten Platz absitzen lassen:

- Blickkontakt halten, zum richtigen Zeitpunkt das Kommando geben, durch Sprache und Zeichengebung (Konzentrations- und Koordinationsübung)

Den Hund auf das Leckerli fixieren, zum Fangen vorbereiten und werfen:

- Der eine Arm bleibt oben – als Sitzzeichen für den Hund – mit der anderen Hand greift sie im Pinzettengriff das Leckerli und bereitet durch dreimaliges Heben und Senken des anderen Armes den Hund auf den Wurf und das Fangen vor, gezielter Wurf in Richtung Schnauze (Einbeziehung des paretischen rechten Arms, Merken einer Handlungsabfolge, siehe Bild rechts unten)

Jenny nimmt Blickkontakt zu Bud auf, klatscht in die Hände und gibt ein Kommando – auch die Handzeichen müssen von ihr korrekt gegeben werden, um Buds Aufmerksamkeit zu erregen.
Fotos: Fachklinik Hohenstücken

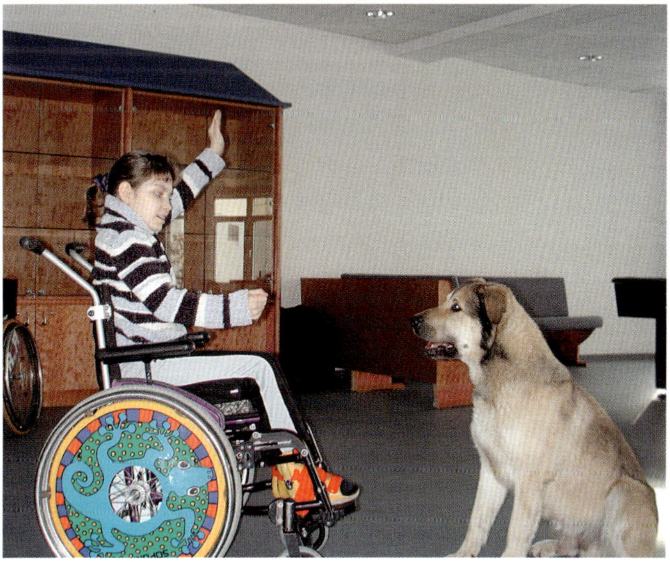

Alle diese Übungselemente mit »Bud« förderten die gesundheitliche Entwicklung von Jenny enorm – aus Freude an dem Kontakt mit dem Hund entwickelte sich eine hohe Motivation. Therapie als schönes Erlebnis.
Kontakt: www.fachklinik-hohenstuecken.de

XII. »Reto- und Canistherapie / Zentrale Deutschland« Susanne Kaiser in Düsseldorf (D)

Über 17 Jahre lang arbeitete die examinierte Krankenschwester Susanne Kaiser als OP-Schwester im Fachbereich der Neurochirurgie, überwiegend in der Neurochirurgischen Abteilung der Universitätsklinik Düsseldorf, deren Leiter Prof. Dr. Steiger ist. Vor drei Jahren reduzierte sie ihre Arbeitszeit um die Hälfte, um mehr zeitlichen Aufwand in die Entwicklung der »Canistherapie« investieren zu können. Sie absolvierte die Prüfung zur Heilpraktikerin und gründete die »Reto- und Canistherapie / Zentrale Deutschland«, die nun ihre volle Arbeitskraft in Anspruch nimmt.

Ein Schwerpunkt ihrer Arbeit liegt in der posttraumatischen Begleitung der Diagnose »Schädelhirntrauma« – durch Unterstützung von Therapiehunden, sachkundige Information und ganzheitliche Beratung der Betroffenen und Familienangehörigen.

Die »Canistherapie« dient dabei der Rehabilitation neurologischer Erkrankungen des zentralen/peripheren Nervensystems und der Muskulatur. Ihr vierjähriger »Landseer« unterstützt sie dabei durch seine ruhige Ausstrahlung – der Kontakt zu »Amigo« fördert die Sinneswahrnehmung der Patienten und bewirkt eine natürliche Reizstimulation. Das Ziel dieser tiergestützten Therapie ist die Erweiterung und ein Aufbau der zentralen Nervenbahnentwicklung, eine Förderung der allgemeinen Sensibilität, der persönlichen Wahrnehmung und der individuellen Empfindungen.

Beispielhaft die Patientenbetreuung von Thomas H. – seit anderthalb Jahren betreut das »Therapiehunde-Team« ihn und seine Familie. Nach einem tragischen Unfall erlitt Thomas H. ein »Frontal-Hirn-Syndrom«, das zu Lähmungen und einer gravierenden Persönlichkeitsstörung führte. Seither leidet Thomas H. vor allem unter fehlender und verschobener Persönlichkeitswahrnehmung. In den Gutachten der Professoren und Fachärzte gilt Thomas H. als »therapieresistent« ...!

Die umfassenden Bemühungen mit ganzheitlichen Therapiemaßnahmen und dem zusätzlichen Einsatz der »Canistherapie« ermöglichten es Thomas H. bisher, in seiner gewohnten Umgebung und im Kreise seiner Familie verbleiben zu können. Zu dieser Familie zählt auch »Anouk«, eine »Schafpudel«-Hündin, die individuell als Begleithund des Behinderten ausgebildet wurde.

Zusammen mit »Amigo« erreichte es Susanne Kaiser, dass sowohl die motorischen Fähigkeiten von Thomas H. erheblich verbessert als auch vor allem die emotionale Wahrnehmung sensibilisiert werden konnten. Durch den Kontakt zu den Hunden und die Beschäftigung mit ihnen gelingt es in kleinen Schritten, dass Thomas H. seine Emotionalität wieder erleben und regelrecht »erlernen« kann. Seine Isolation wird dadurch aufgehoben und seine Lebensqualität steigert sich erheblich.

Die motorischen Fähigkeiten von Thomas H. konnten durch das Spiel mit dem eigenen Begleithund Anouk, einer Schafpudel-Hündin, und einem Therapiehund von Susanne Kaiser (hinten) deutlich verbessert werden.

Durch den direkten und intensiven Kontakt zum Familienhund konnte Thomas H. seine eigene Emotionalität wieder erlernen und erleben – im Beisein von Frau H. werden Streicheleinheiten eingeübt.

In der beruhigenden Anwesenheit von Therapiehund Amigo, einem Landseer-Rüden und Susanne Kaiser (links) wird der kleinen Charlotte von Prof. Dr. Kuehnegger die »Retentionsorthese« angelegt.

Zusätzlich begleitet »Amigo« auch die therapeutische Behandlung von behinderten und bewegungsgestörten Kindern und Jugendlichen. Susanne Kaiser, selbst Mutter einer Tochter und eines behinderten Sohnes, kennt die Sorgen und Nöte der Betroffenen daher aus eigener Erfahrung bestens.

Zusammen mit Prof. Dr. Kuehnegger ergänzte Susanne Kaiser ihre therapeutische Arbeit durch die »Reto-Therapie«. Der Leiter der Abteilung »Klinische Orthometrie« an der »Fachklink Hohenstücken« (s.o.) entwickelte diese Therapieform mit Hilfe der sogenannten »Retentionsorthese«.

Der Therapiehund »Amigo» übernimmt auch in diesem Bereich die Aufgabe des »Co-Therapeuten« – sozusagen als vierbeinige »Unterstützung« motiviert der kräftige

Unterstützt durch Amigo und geführt von Susanne Kaiser bewegt sich Charlotte in der »Retentionsorthese«, die über eine körpermechanische Rückkoppelung den Bewegungsablauf stabilisiert und fördert. Entwickelt wurde die »Reto-Therapie« von Prof. Dr. Kuehnegger (hinten).

Hund die Kinder mit der Retentionsorthese zur Fortbewegung und zum eigenständigen Laufen. »Körperlich herausfordernde Therapieaufgaben werden durch die synergetische Berührungsnähe des Therapiehundes zu einem spielerischen Ablauf – besonders bei Kindern wird dann aus der Therapie ein erfreuliches Kinderspiel«, meint Prof. Dr. Kuehnegger.

Die sogenannte »Orthese« unterstützt die Bewegungen des Patienten in seiner Grobmotorik beim Stehen und Gehen durch Retention (Einschränkung) und stabilisiert durch Druck an den betroffenen Körpersegmenten. Diese Aufgabe wird durch Gurtzüge erfüllt, die durch gezielte Anwendung das Gleichgewicht eines gestörten Bewegungsablaufes von hyper- und hypotonen Muskeln ausgleicht und wieder herstellt. Über eine körpermechanische Rückkoppelung wird die Wahrnehmung durch die Dynamik des Bewegungsablaufes und der Statik beim Stehen (neues Körpergefühl) gefördert und die Reste der Tiefensensibilität aktiviert.

Diese »Reto-Therapie« wurde von Prof. Dr. Kuehnegger entwickelt, der Jahrzehnte seines Lebens im amerikanischen Raumfahrtzentrum der »NASA« als Raumfahrtmediziner verbrachte. Er beschäftigte sich unter anderem auch mit der Messtechnik für die Orthopädie und brachte die »Orthometrie« mit nach Deutschland.

Kontakt: Susanne Kaiser: www.reto und-canistherapie.de
und Prof. Dr. Kuehnegger: kuehnegger@t-online.de

XIII. Tiergestützte Ergotherapie im Rehabilitations-Zentrum des Kinderspitals Zürich in Affoltern am Albis (CH)

Als »ein Geschenk des Himmels« bezeichnet Dr. med. Beat Knecht, Chefarzt des Kinderspitals in Affoltern a. A. das »Therapiehunde-Team« im Einsatz. Gemeint sind Peggy Hug und »Aisha«, ihre 6-jährige Labrador-Hündin. Seit über zehn Jahren schon besucht die Präsidentin des VTHS in der Schweiz diese Klinik regelmäßig – früher mit ihrem Golden Retriever-Rüden »Tambo«, der leider mit 15 Jahren kürzlich verstorben ist.

Durch die Förderung und Unterstützung des Chefarztes Dr. Knecht war es möglich, dass sich zusammen mit der Ergotherapeutin Ellen Steinegger ein eingespieltes und kompetentes Team in der Reha-Klink entwickeln konnte.

Die schwerstbehinderten Kinder und Jugendlichen, die meistens nach schweren Unfällen und Operationen in die Klinik zur weiteren Behandlung eingewiesen werden, sind als Patienten bis zu zwei Jahre in der ergotherapeutischen Abteilung zur Rehabilitation. Über diesen Zeitraum lässt sich der positive Einfluss des »Therapiehunde-Teams« voll nutzen, was in einzelnen Patientenprotokollen auch eindrücklich dokumentiert werden konnte.

Die meisten Kinder und Jugendlichen, die von Peggy Hug und »Aisha« besucht werden, haben ein Schädel-Hirn-Trauma erlitten – die Folge sind schwere Mehrfachbehinderungen. Auch Patienten im Wachkoma werden in der Klink betreut. In Anwesenheit des Therapiehundes entspannen sich diese Patienten leichter, ihr Puls normalisiert sich, ihre Atmung wird ruhiger und regelmäßiger, Verkrampfungen werden gelockert und die Sinneswahrnehmung sensibilisiert.

Therapiehund Aisha leckt dem kleinen Arbar solange die verkrampfte Hand, bis sie sich öffnet – die Zunge der Labrador-Hündin ist ein Reizfaktor, der den Muskeltonus positiv beeinflusst.

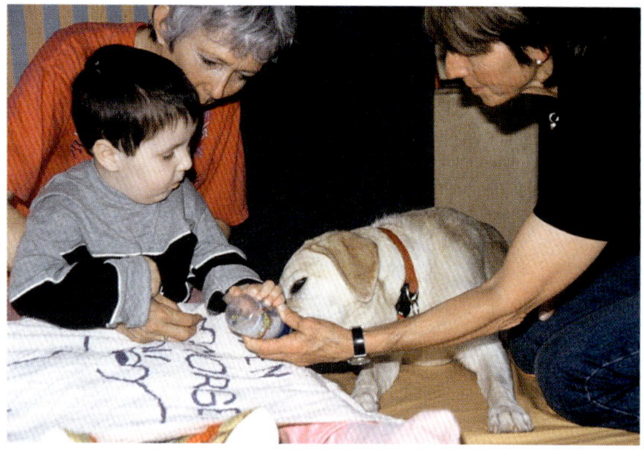

Unterstützt von Ergotherapeutin Ellen Steinegger (li) und dem Therapiehunde-Team Aisha und Peggy Hug (re) wird Arbar spielerisch motiviert, auch das Greifen mit den Fingern zur Stärkung der Feinmotorik zu üben.

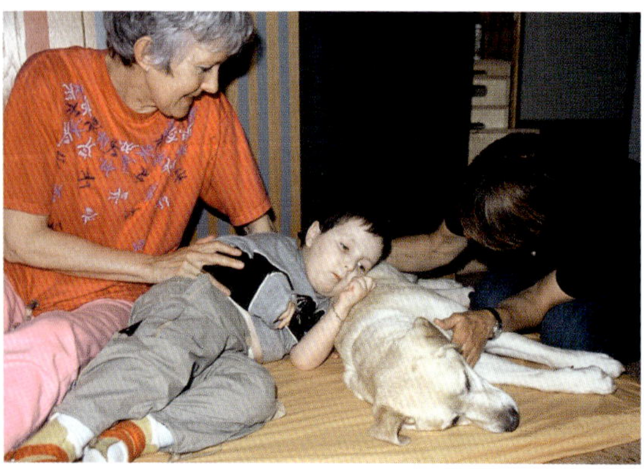

Der Körperkontakt zum Therapiehund verstärkt die Sinneswahrnehmung und wirkt beruhigend auf den kleinen Patienten – seine Atmung wird regelmäßiger.

Die Stimmungslage von Arbar verbessert sich während der Therapieeinheit deutlich – ein plötzliches, strahlendes Lächeln verändert das eben noch ausdruckslose Gesicht.

So auch bei dem sechsjährigen Arbar, der durch den Kontakt zum Hund beispielsweise seine spastischen Bewegungen mit den Händen entkrampfen kann. Darüber hinaus wird die Feinmotorik durch das Spielen mit dem Halsband trainiert. Eine Senkung der Muskelspannung ist die Folge.

Auch seine Stimmungslage verbessert sich – animiert durch »Aisha« zeigt der Kleine plötzlich Gefühle, ein strahlendes Lächeln geht bei der Berührung des Hundes über sein Gesicht.

Eine starke emotionale Reaktion zeigt auch der schwerstbehinderte 15-jährige David, der erst neu in die Klinik eingeliefert wurde und erstmals zu »Aisha« Kontakt hatte. David mag Hunde und so ist die Freude groß über die Begegnung in der ergotherapeutischen Abteilung. »Aisha« kann ihn motivieren, mit ihr zu »spielen« – ein speziell entwickeltes Spielmodell fördert die Interaktion zwischen Patient und Hund. Im sensomotorischen Bereich wird dadurch eine Koordination der Augen- und Handbewegungen erreicht.

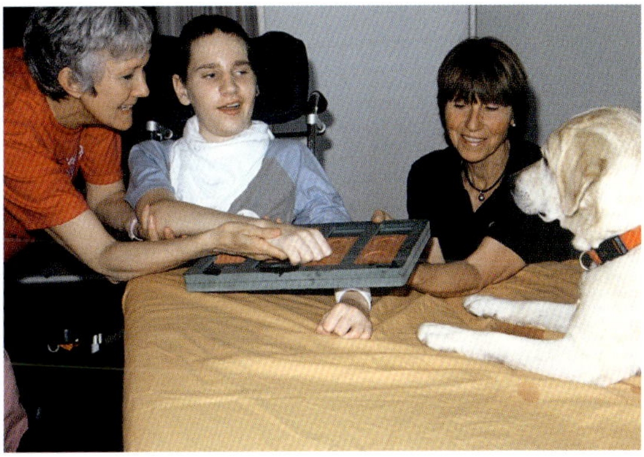

Ein speziell entwickeltes Spiel für den Einsatz mit Therapiehunden regt zur Kommunikation untereinander an – David versteckt die Lockerlis mit seiner spastischen Hand in einer bestimmten Schublade und Aisha muss sie suchen.

Höchst aufmerksam und um die richtigen Bewegungen der Hände und Finger bemüht, gelingt es David, vor der interessierten und geduldigen Hündin die Leckerlis zu verstecken, die anschließend von »Aisha« an der richtigen Stelle »gesucht« und gefunden werden. Überschwängliches Lob gilt daraufhin allen Beteiligten – »Aisha« bekommt zusätzlich noch eine liebevolle Streicheleinheit von Peggy Hug. Und David freut sich schon auf die nächste »Spielrunde« mit dem netten Therapiehunde-Team.

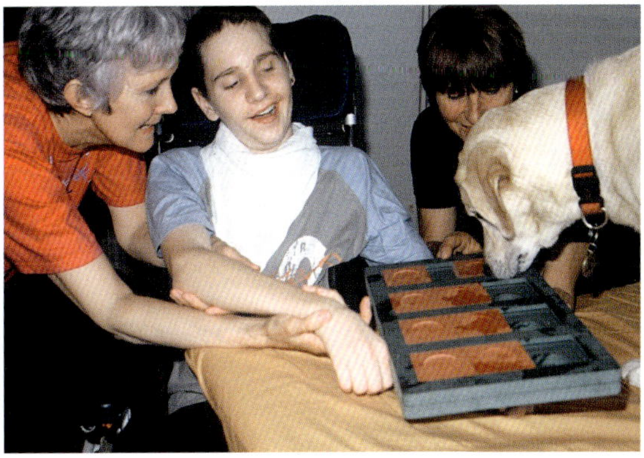

Findet Aisha die Leckerlis, dann darf sie diese fressen – zur Freude von David, der Blickkontakt sucht und Gefühle zeigen kann.

Peggy Hug ist überzeugt davon, dass sich eine Besserung des Allgemeinzustandes der jungen Patienten vor allem dann steigert, wenn zu ein und demselben Therapiehund eine beständige Beziehung aufgebaut werden kann. »Diese Einsätze sind sehr anstrengend für den Hund, daher dauern sie maximal 20 - 30 Minuten. Auch wenn wir mit Wachkoma-

Patienten arbeiten, ist die Zeit oftmals sehr begrenzt – der Hund verbraucht wahnsinnig viele Energien während dieser therapeutischen Kontakte!« betont Peggy Hug. Daher legt sie auch großen Wert auf die anschließenden Erholungsphasen – auch für sie selbst eine notwendige Regeneration!

»Der Hund ist kein Gerät, sondern ein Lebewesen. Daher entwickelt sich eine emotionale Beziehung und diese schafft eine positive Voraussetzung für alle anderen therapeutischen Aktivitäten. Die Freude, das psychische Wohlbefinden, trägt enorm zur Genesung unserer Kinder bei« unterstreicht Chefarzt Dr. Knecht die Bedeutung und Wirkung des Therapiehundes (Zitat aus dem Jubiläumsbericht des VTHS).

Kontakt: Peggy Hug, VTHS, www.therapiehunde.ch

XIV. Wismarer Therapiezentrum für Tiergestützte Behandlungen »Vierbeinige Therapeuten« – Cornelia Pahlow, Wismar (D)

Zehn Jahre schon arbeitet Cornelia Pahlow als Ergotherapeutin – seit zwei Jahren steht ihr als Co-Therapeutin ihre ausgebildete Schäferhündin »Kaja« zur Seite.

Cornelia Pahlow engagiert sich neben ihrer beruflichen Tätigkeit auch im Vorstand des Vereins »Wismarer Therapiebegleithunde e.V.« und ist die Gründerin und Leiterin des oben genannten Behandlungszentrums.

Zwei Schwerpunkte hat Cornelia Pahlow in ihrer therapeutischen Arbeit – die Behandlung von bewegungsgestörten Kindern und die tiergestützte Therapie mit Wachkoma-Patienten (= Apallisches Syndrom).

Die betroffenen Menschen fallen meistens nach einem Herzinfarkt, einem Schlaganfall oder einem Unfall in dieses Wachkoma, das oft als ein Leben in einer Zwischenwelt – zwischen Leben und Tod – bezeichnet wird. Unabhängig vom Alter können Kinder, Jugendliche und erwachsene Menschen betroffen sein. Die Prognosen zur gesundheitlichen Genesung dieser schwerstpflegebedürftigen Patienten sind schwierig, weil sie von verschiedenen Faktoren abhängen – vom Alter, von der Dauer und Tiefe des Komas und der Schwere der Hirnschädigung. Da Wachkoma-Patienten häufig auf die üblichen Therapiemöglichkeiten gar nicht oder nur geringfügig reagieren, ist es umso erstaunlicher, wie erfolgreich und nachhaltig die bisher bekannte Wirkung der eingesetzten Therapiehunde ist.

Am Beispiel von Madleen (21 Jahre) soll deutlich gemacht werden, mit welchen weitreichenden Folgen ein qualifiziertes Therapiehunde-Team Einfluss auf die gesundheitliche Entwicklung eines Wachkoma-Patienten haben kann.

Madleen befand sich nach einem schweren Unfall in verschiedenen Kliniken – jegliche Therapieformen wurden von ihr abgelehnt. Sie war nicht ansprechbar, sperrte sich und war auch nicht zu motivieren. Ein ausdrucksloser und teilnahmsloser Körper lag vor Cornelia Pahlow im häuslichen Pflegebett – das war vor zwei Jahren.

Im Laufe dieser Zeit wurde in behutsamen, kleinen Schritten ein tiergestütztes Therapiekonzept umgesetzt, das seine Wirkung nicht verfehlte. Unter Einbeziehung des gesamten Umfeldes – der Eltern, der anderen Therapeuten sowie des behandelnden Arztes – war es möglich geworden, Madleen sukzessive aus dem Schlafzustand herauszuholen und die Zeiten des wachen Daseins immer mehr zu verlängern. Ihre Abwesenheit und Apathie verwandelte sich zunehmend in ein aktives Mitmachen – vor allem motiviert durch »Kaja«. Die Therapiehündin war das entscheidende Bindeglied zwischen ihr und Cornelia Pahlow.

Schon die erste Begegnung war ein voller Erfolg – Madleen reagierte auf den nahen Hundekörper mit weit geöffneten Augen und lauten Tönen. Nach kurzer Zeit suchte sie offensichtlich den Kontakt zum Hund, indem sie den Kopf zu ihm drehte und den Körperkontakt suchte. Nach weiteren Therapieeinheiten mit »Kaja« war innerhalb eines halben Jahres die Spastik in den Armen und Beinen des Mädchens völlig abgebaut – wenn sie den Hund berührt, ist ihr Körper locker und entspannt. Sie kann Emotionen zeigen – freut sich offensichtlich, wenn der Hund in ihrer nächsten Umgebung ist. Ihr Kreislauf stabilisierte sich zunehmend – nach drei Monaten konnte mit zusätzlicher Ergotherapie begonnen werden, auf die sich Madleen erstmals bereitwillig einließ. Die Fortschritte waren offensichtlich – Madleen konnte auf dem Bettrand sitzen und in den Stehstuhl gebracht werden. Immer im Beisein des Hundes, mit dem sie mittlerweile auch bewusst kommuniziert. Sie ruft ihn »Aja« und die Fragen ihrer Therapeutin beantwortet sie mit einem klaren »Ja«. Durch das positive Zusammenwirken von Hund und Patientin ergibt sich eine gelöste Atmos-

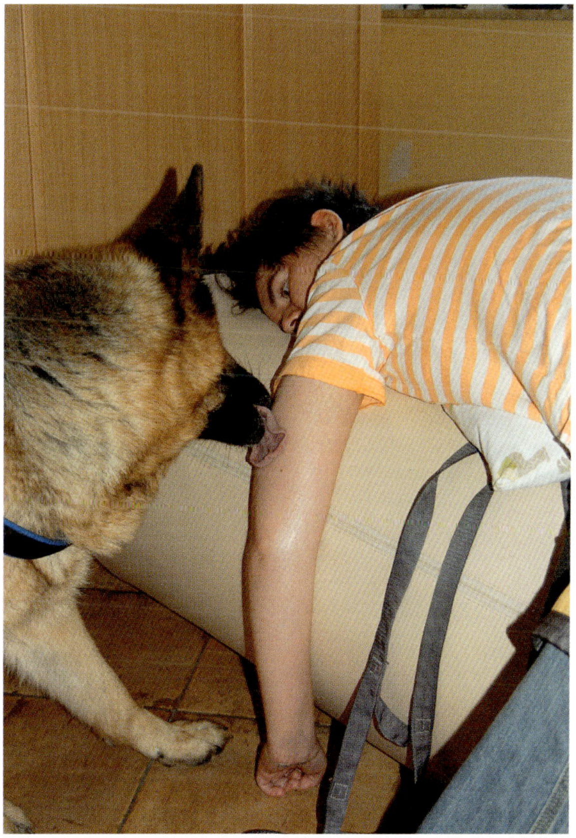

Das Ablecken der Haut durch die Hundezunge ist ein stimulierender Reizfaktor, der die Sinneswahrnehmung der Patientin fördert.

phäre, die es ermöglicht hat, weitere Therapiemaßnahmen anzuwenden und auszubauen.

Zwischenzeitlich ist Madleen in der Lage, eigenständig am Boden zu sitzen und alleine im Stehständer zu stehen – immer motiviert und unterstützt von »Kaja«, die zusammen mit Madleen mittlerweile ein eingespieltes Team ist.

Nach den zeitlich begrenzten Einsätzen des Therapiehundes darf »Kaja« sich entspannen und »ihre Last im Freien abschütteln«, wie Cornelia Pahlow es formuliert. Die Erholungsphasen für den Hund sind gerade bei solchen energiezehrenden Einsätzen unverzichtbar!

Wie bei allen Therapiehunde-Einsätzen gilt besonders in einem solchen Falle, dass nur mit viel professioneller Erfahrung eine tiergestützte Behandlung erfolgen darf, um für alle Beteiligten die Hoffnung auf den Therapieerfolg tatsächlich erfüllen zu können.

Kontakt: ergotherapie-pahlow@t-online.de

XV. Vestische Kinder- und Jugendklinik in Datteln (D)

Wenn Ben in seinem Geschirr den Rollstuhl über das Klinikgelände zieht, ist die Begeisterung unter den kranken Kindern groß.

Wenn »Ben« den Rollstuhl zieht, kennt die Begeisterung unter den Kindern keine Grenzen mehr. Der fünfjährige, kräftige Mischling aus Setter, Retriever und Berger-Blanc-Suisse begleitet Christiane Rohrbach seit über zwei Jahren im therapeutischen Einsatz an der »Vestischen Kinder- und Jugendklinik« der Vestischen Caritas-Kliniken GmbH in Datteln. Christiane Rohrbach arbeitet dort als diplomierte Pflegewissenschaftlerin an der »Weiterbildungsstätte für Fachkinderkrankenpflege in der Intensivpflege und Anästhesie«.

»Bens« Aufenthalt auf dem Klinikgelände ist keine Selbstverständlichkeit – es war eine behutsame und intensive Vorbereitung der Klinikleitung, der Ärzteschaft und des Pflegepersonals nötig, um die Voraussetzungen für den gemeinsamen Einsatz als Therapiehunde-Team zu ermöglichen. Christiane Rohrbach überzeugte durch kompetente, nachvollziehbare Informationen und einen korrekt ausgebildeten Therapiehund ihre Vorgesetzten und Kollegen so weit, dass selbst Skeptiker mittlerweile wohlwollend »Ben« als Co-Therapeuten in der Klinik akzeptieren. Zunächst verweilte »Ben« gelegentlich unter den Schülern von Christiane Rohrbach und nahm auf deren Wunsch auch als »Beruhigungsmittel« an den mündlichen Prüfungen teil – die Prüfungsvorsitzende vom Gesundheitsamt hatte keine Einwände.

Nachdem eine Klinikhygienekonferenz unter den verantwortlichen Chefärzten und dem Klinikdirektorium stattgefunden hatte, wurde es dem engagierten Therapiehunde-Team darüber hinaus gestattet, in der Abteilung der Kinder- und Jugendpsychiatrie aktiv zu werden. Mit den dortigen Mitarbeitern wurden Fortbildungen über das praktische Vorgehen und die Anforderung an einen Therapiehunde-Einsatz durchgeführt – bis hin zu dessen Evaluation. Ebenso erfolgte die spezifische Einweisung der Mitarbeiter in den erarbeiteten Hygieneplan.

Die Rückmeldungen der Eltern, der Mitarbeiter und der Ärzteschaft waren derartig positiv, dass »Bens« Einsatzgebiet ausgeweitet werden konnte. Hinzu kam der regelmäßige, zeitlich begrenzte Besuch einer Wohngruppe für langzeitbeatmete Kinder und Jugendliche im »André Streitenberger-Haus«. Dort leben sieben junge Bewohner, die aufgrund einer Behinderung, einer Krankheit oder eines Unfalls maschinell langzeitbeatmet werden müssen – die meisten von ihnen sitzen im Rollstuhl. Zusammen mit der Ergotherapeutin erarbeitete Christiane Rohrbach ein individuelles Behandlungskonzept.

»Bens« Anwesenheit sorgt nicht nur für eine gelockerte und freudige Atmosphäre – er animiert die Kinder zur Aktivität, motiviert sie zu motorischen Handlungen und fördert ihre Sinneswahrnehmung. Zwei der Kinder hatten extreme Angst vor Hunden, was bei Begegnungen außerhalb – während der Spaziergänge – dazu führte, dass sie kaum noch ausreichend beatmet werden konnten. Diese Angstzustände konnten durch den Einsatz des gelassenen Therapiehundes größtenteils behoben werden – mittlerweile spielen diese Kinder mit »Ben«, führen ihn an der Leine und belohnen ihn mit einem Leckerli aus der Hand.

Die durchweg positiven Erfahrungen, die alle Beteiligten mit dem zuverlässigen und gezielten therapeutischen Einsatz des Therapiehunde-Teams machten, öffnete die Türen für andere Abteilungen. Mittlerweile ist es sogar möglich geworden, »Ben« auf eine klinische Station – einem hygienisch sehr sensiblen Bereich – mitzunehmen. Dort besucht er mit Christiane Rohrbach, auf den ausdrücklichen Wunsch der Mutter, eine kleine Patientin im Wachkoma ...!

Innerhalb recht kurzer Zeit konnte der Einsatz eines Therapiehundes in einer der größten Kinderkliniken Deutschlands offiziell etabliert werden. Dazu bedarf es nicht nur einer sehr guten Vorbereitung im Vorfeld der ersten Kontakte zwischen Hund und Patient, sondern vor allem einen wesensstarken und

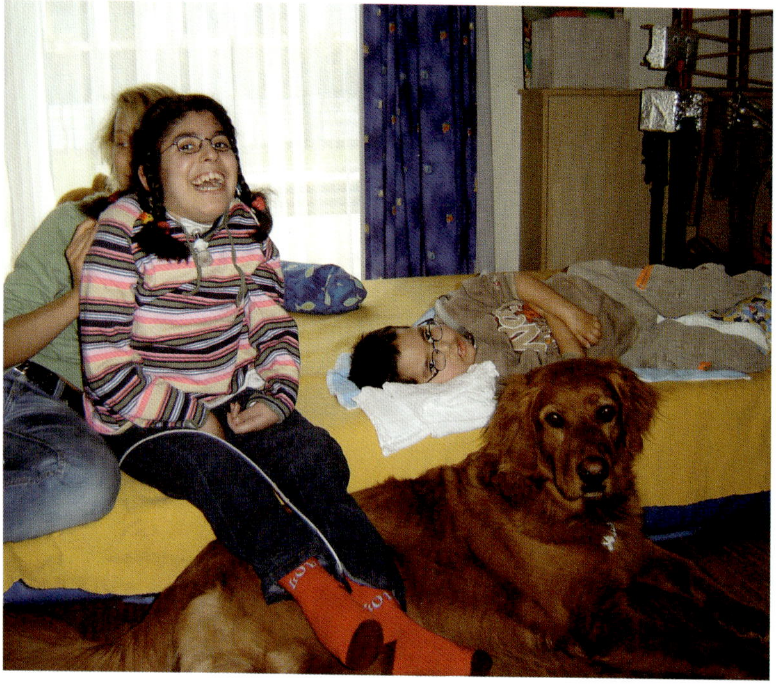

Der Körperkontakt zu Ben verstärkt die Beziehung zwischen den beiden – die kleine Patientin genießt die Nähe zum Therapiehund außerhalb ihres Rollstuhls sichtlich.

Das Therapiehunde-Team Christiane Rohrbach und Ben motivieren das langzeitbeatmete Mädchen zur Kontaktaufnahme durch die Gabe eines Leckerlis. Fotos: Rohrbach

stressresistenten Therapiehund, der außerhalb des Klinikbereiches seinen Lieblingsbeschäftigungen Wandern, Schwimmen und Fährtensuchen ausgiebig nachgehen darf.

»Ben« wurde schon frühzeitig durch ein spezielles Milieutraining – »Einsatzgebiet Gesundheitswesen« – und eine anspruchsvolle Ausbildung zum Familienhund sowie eine allgemeine Ausbildung zum »Therapiehund« beim deutschen Kurs-Anbieter »SocialDogs« an seine zukünftige Aufgabe herangeführt. Mit der Teilnahme am Ausbildungskonzept von »TAT« in Wien und der erfolgreichen Abschlussprüfung bei »TAT« in St. Johann im Juli 2006 verfügen »Ben« und Christiane Rohrbach nun umso mehr über eine umfassende Qualifikation für weitere Einsätze als »Therapiehunde-Team« in der Klinik.

Kontakt: C.Rohrbach@Kinderklinik-Datteln.de

XVI. Ambulante Betreuung mit Unterstützung von Tieren »M.U.T.« – Christiana Schmitt in Pfinztal (D)

»Teddy«, »Line«, »Claire« und »Pancho« leben im Rudel zusammen mit Christiana Schmitt – sie leisten als Therapiehunde-Team ambulante Betreuung in unterschiedlichen Gruppen und individueller Einzelbetreuung. Je nach Stärken und Schwächen ihrer Hunde werden sie als therapeutische Begleiter von Christiana Schmitt, entsprechend den Bedürfnissen der Klienten, eingesetzt.

Die examinierte Krankenschwester hatte schon immer einen ausgeprägten Bezug zu Tieren, und so war es naheliegend, dass sie ihre Idee, den Beruf mit der Tierliebe zu verbinden, auch praktisch umsetzen wollte. Über den Verein »Tiere helfen Menschen e.V.« besuchte sie mit ihrer damaligen Gorden Setter-Mix-Hündin und dem heute siebenjährigen Straßenhund aus Istanbul »Pancho« – zunächst ehrenamtlich – eine Tagespflegestätte. Aus den Besuchsdiensten entwickelte sich eine gezielte Einzel- und Gruppenarbeit mit den alten Menschen. Überzeugt davon, auf dem richtigen Weg zu sein, absolvierte sie von 2002 bis 2003 berufsbegleitend eine Weiterbildung beim »Institut für soziales Lernen mit Tieren« in Wedemark.

Darüber hinaus nahm sie anschließend am »Münsteraner Institut für therapeutische Fortbildung und tiergestützte Therapie« an Theorie- und Praxisseminaren erfolgreich teil. Zusammen mit ihrer Labrador-Hündin »Line« (4 J.) erwarb sie die Qualifikation zum »Therapiebegleithunde-Team« mit Zertifikat.

Während dieser Fortbildungsphase wurde die Vorstellung von einer selbstständigen Tätigkeit immer konkreter – zu Beginn des Jahres 2004 gründete sie »M.U.T.« – die ambulante Betreuung mit Unterstützung von Tieren.

Zwischenzeitlich war ein weiterer Hund in das Rudel aufgenommen worden – die achtjährige Golden Retriever-Hündin »Claire« lebt nun seit über zwei

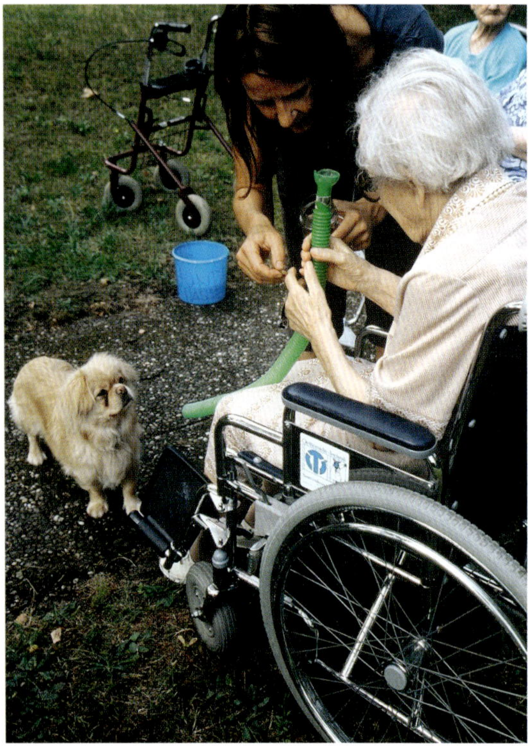

Der Pekinese-Cavalier King Charles-Mix Teddy ist der kleinste Hund im Therapiehunde-Rudel von Christiana Schmitt und der auserkorene Liebling bei den Senioren.

Jahren als aktiver Therapiehund mit Christiana Schmitt und ihrer Familie zusammen.

Nun hatte die engagierte Therapiehundeführerin zwar drei Therapiehunde – aber alle sind ziemlich groß und lassen sich nicht auf dem Schoß eines alten Menschen oder Rollstuhlfahrers platzieren. Also suchte Christiana Schmitt nach einem geeigneten kleineren Hund – und fand »Teddy«, einen anderthalbjährigen Pekinese-Cavalier King Charles-Mix. Der auserkorene Liebling aller Klienten, der aber aufgrund seines Alters und seines Ausbildungsstandes momentan nur zeitlich begrenzt und als Zweithund mitkommen darf.

Jeder dieser vier Hunde ist ein Individuum und hat seine speziellen Fähigkeiten im Therapieeinsatz. Dies hat für Christiana Schmitt den großen Vorteil, dass sie ganz gezielt auf die Persönlichkeit, die Vorlieben und das individuelle Krankheitsbild des Klienten eingehen kann. Die Qualitäten ihrer ausgebildeten Hunde kommen dadurch – im Interesse der Patienten – optimal zum Einsatz.

Manchmal nimmt sie auch zwei ihrer Hunde gleichzeitig mit. Dies hat zur Folge, dass der Fokus nicht nur auf einem Hund alleine liegt und sie sich auch miteinander beschäftigen können, was zum Abbau von einer gewissen Anspannung bei den Tieren führt. Gerade in Gruppensituationen ist es für einen einzelnen Therapiehund eine Entlastung, wenn ein zweiter sich ebenfalls auf die Interaktionen mit den Betroffenen einlassen kann – setzt aber eine erhöhte Aufmerksamkeit des Therapiehundeführers voraus!

Der Einsatzschwerpunkt der jeweiligen Teams liegt in der Betreuung von Senioren in Heimen und Pflegestätten, sowohl in der Einzel- als auch Gruppenbetreuung.

Darüber hinaus sind Christiana Schmitt und ihre Hunde bei mehrfach schwerbehinderten jungen Erwachsenen und einem geistig behinderten Jungen Co-therapeutisch aktiv. Die Einsätze finden hauptsächlich in den entsprechenden Einrichtungen, einige wenige in Privathaushalten statt. Großen Wert legt Christiana Schmitt auf die Einbeziehung des gesamten Pflegepersonals, der Fach-Therapeuten und der Angehörigen. Ein gezielter Therapieplan für jeden Einzelfall ist ihr oberstes Gebot, und die regelmäßige Überprüfung und Evaluation der einzelnen THT-Einsätze sind für sie selbstverständlich.

Um sich und ihre Vierbeiner weiterhin zu qualifizieren, besucht sie regelmäßig unterschiedliche Fortbildungen mit den Hunden – unter anderem absolvierte sie vor kurzem die Ausbildung zum »Teamtrainer III – tiergestützte Interaktion mit dem Hund« an der »Akademie Mensch & Tier – Symbiosys« in München. Zwei ihrer Therapiehunde nahmen an der Fortbildung ebenfalls teil – »Claire« und »Line«, mit der sie die Prüfung ablegte.

Die Rudelhaltung ist für Christiana Schmitt die ideale Form des tiergerechten Umgangs mit Hunden – aber sie erfordert sehr viel Hundeverstand und darüber hinaus ein hohes Maß an Zeitaufwand, will man jedem einzelnen Tier nicht nur gerecht werden, sondern es auch noch individuell therapeutisch ausbilden und einsetzen.

Kontakt: www.Tiergestuetzte-Betreuung.de

Die Haltung mehrerer Therapiehunde ermöglicht unterschiedliche Einsatzweisen – erfordert aber auch erhöhten Zeit- und Pflegeaufwand, um den Bedürfnissen eines Rudels gerecht werden zu können.

Die Aufzählung interessanter Projekte könnte beliebig fortgesetzt werden – es würde den Rahmen dieses Buches sprengen! Es existieren derart unterschiedliche Einsatzvarianten von Therapiehunden und ihren professionellen Begleitern, dass es schwer gefallen ist, eine Auswahl für die Darstellung zu treffen. Sicherlich noch nicht flächendeckend, aber in jedem Falle wegweisend sind alle die Bemühungen von engagierten Therapiehundeführern, die zum Teil auch neue Wege gehen. Beispielsweise durch ihre gemeinsame Anwesenheit bei Katastrophenopfern und den zuständigen Einsatzkräften, bei Verhören durch die Kriminalpolizei, in der Betreuung von Kindern und Jugendlichen, die durch Sexualdelikte betroffen waren, in der Drogentherapie oder in der Frühförder- und Beratungsstelle für Kleinkinder, die von Behinderung bedroht sind.

An dieser Stelle sei allen gedankt, die durch lange Gespräche und Telefonate, ausführliche Unterlagen und viel persönlichen Zuspruch die Entstehung dieses Buches ermöglicht haben!

Die Autorin und ihre therapeutischen Begleiter Donna (6 Jahre), Bella (3 Jahre), Liza (2 Jahre) und Barry (1 Jahr) – alle vier sind Mischlinge.
Foto: Dr. med. vet. Beate Klein

Schlusswort

Als ich mit der Recherche zu diesem Buch angefangen hatte, ahnte ich noch nicht, wie intensiv mich das neue Thema tatsächlich beschäftigen sollte ...! Beeindruckt von dem hohen Ausbildungsniveau der Therapiehunde-Teams, die mir bereitwillig Einblick in die vielseitigen Bereiche ihrer tiergestützten Einsätze gewährten, habe ich meinen Blickwinkel auf das Lebewesen Hund erheblich erweitern können.

Es hat mich jedes Mal fasziniert, die Reaktionen der Menschen beobachten zu können, sobald ein Therapiehund in ihre unmittelbare Nähe kam. Ich habe oft den Atem angehalten und bekam eine Gänsehaut, wenn unerwartete, menschliche Reaktionen durch die Anwesenheit des Therapiehundes ausgelöst wurden. Beeindruckt von den vielfältigen Wirkungs- und Verhaltensweisen der Hunde im Kontakt zu den Betroffenen, beschäftigte mich auch so manches menschliche Schicksal über den Tag hinaus.

Wie gut, dass Hunde mit uns zusammen leben – wir streicheln ihr Fell und sie unsere Seele.

Ich danke allen, die meine Arbeit an diesem Buchprojekt unterstützt haben. Insbesondere gilt mein Dank:

- Prof. Dr. Josef Leibetseder und Helga Widder von TAT in Wien/Österreich
- Susanna Haitzer und Friderike Hofer von THL in Österreich
- Peggy Hug vom VTHS in der Schweiz
- Elke Schmid von der IG Therapiehunde, Deutschland
- Peer Brocke von der Bundeszentrale der »Lebenshilfe« in Marburg
- Liselotte und Paul Hofer, Ligniéres, SC Schweiz
- Hermann Lakenbrink
- und meinen Pferden, Katzen und Hunden, meinen therapeutischen Begleitern.

Die Autorin

Inge Röger-Lakenbrink lebt mit ihren drei Katzen, vier Mischlings-Hunden und zwei Freiberger-Pferden im Südschwarzwald. Die diplomierte Sozialpädagogin hat nach langjähriger praktischer Tätigkeit vor zwölf Jahren ihren beruflichen Schwerpunkt auf die journalistische Arbeit verlegt. Als Fotojournalistin und Autorin beschäftigt sie sich mit dem Umgang und der Haltung von Pferden und Hunden, hat inzwischen zahlreiche Publikationen in verschiedenen Fachmagazinen veröffentlicht. Darüber hinaus sind bisher fünf Bücher von ihr erschienen – unter anderem im Kynos Verlag der Titel »Rudelhaltung«.

Durch intensive Recherchen und vor allem unzählige Gespräche mit den Betroffenen, den Therapiehundehaltern sowie den Patienten und Klienten in Österreich, der Schweiz und Deutschland – hat Inge Röger-Lagenbrink mit ihrem neuen Werk »Das Therapiehunde-Team« eine aktuelle Bestandsaufnahme der tiergestützten Arbeit mit Hunden vorgelegt.

Aus- und Weiterbildung in mehreren Wochenendkursen oder auch in längeren, variablen Ausbildungszeiträumen.
internet: www.therapiehunde.ch

- »**SC – Schweizerischer Schäferhund-Club**«
  SC-THT Sekretariat Ruth Luginbühl
  Rütifeldstr.16
  CH-3294 Büren a.A.
  Bietet seit dem Jahre 2000 in Zusammenarbeit mit dem »SVÖ« die Ausbildung zum Therapiehunde-Team an.
  Unter der Leitung von Hans-Ueli und Ruth Luginbühl finden die Ausbildungen zum Teil in der Schweiz, aber auch in Österreich statt.
  Die Ausbildung kann in zwei Varianten erfolgen, einerseits als Wochenseminar, andererseits an mehreren Wochenenden.
  An der Ausbildung können alle Rassen und Mischlinge mit ihren Besitzern teilnehmen
  internet: www.therapiehundeteam.ch

- »**Institut für interdisziplinäre Erforschung der Mensch-Tier-Beziehung**« **(I.E.M.T.)**
  Carmenstr. 25, Postfach 1273
  CH-8023 Zürich
  Gegründet 1990 in Zürich, der wissenschaftliche Beirat setzt sich aus Persönlichkeiten der Human- und Veterinärmedizin und weiteren Wissenschaftsgebieten zusammen.
  Schwerpunkt ist die Erforschung der Mensch-Tier-Beziehung, besonders zu den Themen »Tiere in Alters- und Pflegeheimen« sowie zur tiergestützten Pädagogik in Schulen (vor allem durch Hunde: »Lorenz-Tierschule«).
  Entwickelt themenbezogene, pädagogisch-didaktische Lehrmittel für Kinder und Jugendliche.
  Zahlreiche Veröffentlichungen, speziell auch zum Thema Haltungsfragen über Heimtiere und tierspezifische Bedürfnisse.
  internet: www.iemt.ch

- »**Institut für angewandte Ethologie und Tierpsychologie**« **(I.E.T.)**
  Dr. sc. Dennis C. Turner
  Vorderi Siten 30, Postfach
  CH-8816 Hirzel
  Gegründet 1991 von PD Dr. Dennis C. Turner, Direktor des Institutes in Hirzel.
  Aus- und Weiterbildungslehrgänge auf dem Gebiet der tierpsychologischen Beratung.
  Weiterbildungs-Kurse und Seminare in der tiergestützten Therapie und Beratung, berufsbegleitend.
  Weiterbildungsangebote in tiergestützten Fördermaßnahmen.
  Fachspezifische Vorträge und Wochenendseminare.
  internet: www.turner-iet.ch

- »**Gesellschaft für Tiergestützte Therapie und Aktivitäten**« **(GTTA)**
  Geschäftsstelle: Peggy Hug
  Seestrasse 46
  CH-8617 Mönchaltorf

Gegründet 2002 mit Sitz in Mönchaltdorf von Absolventen der ersten drei Lehrgänge des I.E.T.-Kurses und einigen Dozenten des I.E.T., Präsident ist Dr. med. Robert Tanner-Frick.
Schwerpunkt der Aktivitäten: Forschung und Förderung im Bereich der Mensch-Tier-Beziehung.
internet: www.gtta.ch

In Deutschland:

- **»Tiere helfen Menschen e. V.«**
  Graham Ford
  Münchener Straße 14
  D-97204 Höchberg
  Wurde 1987 in Würzburg von der Tierärztin Dr. Brigitte von Rechenberg gegründet, seit 1995 engagiert sich Graham Ford als Vorstandsvorsitzender für den Verein, der sich damals besonders für die regelmäßigen Besuchsdienste mit Hunden einsetzte.
  Die Mitgliederzahl beträgt heute etwa 800 Personen, die sich überwiegend mit ihren Hunden ehrenamtlich einsetzen.
  Bundesweit sind bisher rund 80 Regionalgruppen entstanden.
  Der Zweck des Vereins ist die Förderung der gesundheitlichen Auswirkungen von Heim- und Haustieren auf Menschen.
  Verschiedene Arbeitsgruppen realisieren die vier Schwerpunkte:
  - Besuchsprogramme mit Tieren in sozialen Einrichtungen durchzuführen
  - Tiergestützte Aktivitäten, Pädagogik und Therapie begleitend zu unterstützen
  - Forschung und Lehre zu fördern
  - Heim- und Haustierhaltung im Sinne des Vereinszwecks allgemein zu unterstützen
  - Förderung der Aus- und Weiterbildung von beruflich und ehrenamtlich tätigen Menschen
  - Kontaktaufbau zu Fachleuten unterschiedlicher Disziplinen im Bereich der Mensch-Tier-Beziehungen
  - Informationsvermittlung und Anlaufstelle für fachspezifische Anfragen
  - Organisation von sogenannten »Fachkreis-Treffen« bundesweit

  internet: www.thmev.de

- **»Leben mit Tieren e. V.« (LMT)**
  Teltowkanalstr. 1
  D-12247 Berlin
  Zunächst als ein Forschungsprojekt des Psychologischen Institutes der Freien Universität Berlin, begann sich der erste Berliner Hundebesuchsdienst in den achtziger Jahren zu entwickeln.
  1988 wurde von PD Dr. med. vet. Christian Große-Siestrup der Verein »LMT« gegründet, der auch zunächst als Vorsitzender des Vereins fungierte und aktuell als wissenschaftlicher Berater, nachfolgend ist Dr. med. vet. Wolfgang Scharmann als Vorstandsvorsitzender heute aktiv.
  Der Verein hat etwa 225 Mitglieder.
  Der Schwerpunkt der ehrenamtlichen Einsätze in Berlin lag früher auf der Durchführung von Besuchsdiensten in Senioreneinrichtungen, seit 1994 in regelmäßiger Form mit Hunden auch in Pflegeheimen und Krankenhäusern, darüber hinaus werden seit dem

Jahre 2000 auch Einsätze in Kitas und Grundschulen organisiert.
Anhand von Fragebögen für die Einrichtungen wird eine Statistik geführt, die nachweisbare Erfolge festhalten und deutlich machen soll.
Der Verein unterhält vier »Mensch-Tier-Begegnungsstätten« mit verschiedenen Tierarten als Begegnungshäuser für die tiergestützte Therapie in verschiedenen Krankenhäusern und Pflegeeinrichtungen von Berlin, die auch von externen Gruppen genutzt werden können.
In vier Außenstellen von LMT, nämlich in Kiel, München, Greifswald und in Lollar/Hessen engagieren sich ehrenamtliche Mitglieder.
internet: www.lebenmittieren.de

- **»Forschungskreis Heimtiere in der Gesellschaft«**
  Oderfelderstr. 40
  D-20149 Hamburg
  Wurde 1988 von namhaften Wissenschaftlern gegründet, unter Vorsitz von Prof. Dr. phil. Reinhold Bergler vom Psychologischen Institut der Universität Bonn werden themenbezogene Forschungsarbeiten unterstützt.
  Im Vordergrund steht die Erforschung der sozialen Beziehungen zwischen Menschen und Heimtieren.
  Die Ergebnisse werden in Form von Broschüren festgehalten, veröffentlicht und auf Anfrage an Interessierte verschickt.
  Organisation und Durchführung von Vortragsveranstaltungen und Symposien.
  internet: www.mensch-heimtier.de

- **»Kynos Stiftung – Hunde helfen Menschen«**
  Konrad-Zuse-Straße 3
  D-54552 Nerdlen/Daun
  Wurde 1998 von Helga und Dr. Dieter Fleig als eine eingetragene, gemeinnützige Stiftung gegründet.
  Die Stiftung hat sich zur Aufgabe gesetzt, Therapie- oder Signalhunde, Behindertenbegleit- und Blindenhunde zu akzeptablen Bedingungen den betroffenen behinderten Menschen anzubieten, da die deutschen Krankenkassen noch immer nur den Blindenführhund kassenrechtlich anerkennen. Ein Förderverein unterstützt die Stiftungziele.
  internet: www.kynos-stiftung.de

- **»Verband Therapiehunde Deutschland e.V.« (ehemals VTHD) /
  »Therapiebegleithunde-Team Deutschland e.V.« (neue Namensgebung)**
  Dr. Beate Haase
  Heinrich-Heine-Str. 3
  D-04808 Wurzen
  Der Verband »VTHD« wurde 1997 von Frau Barbara Puhl gegründet, nachdem sie vom VTHS nach den Richtlinien der Delta Society als Ausbilderin 1995 geprüft worden war.
  Seit 1999 führt die Kinderärztin Frau Dr. med. Beate Haase als erste Vorsitzende den Verband, der im Jahre 2006 umbenannt wurde in: »Therapiebegleithunde-Team Deutschland e.V.«.
  Es betätigen sich rund 95 Mitglieder, die sowohl beruflich als auch ehrenamtlich als THTs arbeiten.

Der Schwerpunkt der Verbandsarbeit liegt auf der Aus- und Weiterbildung von Therapiebegleithundeteams.
internet: www.therapiebegleithunde-team.de

- **»Therapiehunde Deutschland«**
  Barbara Puhl
  Dellweg 23
  D-25792 Neuenkirchen
  Wird von Frau Barbara Puhl geleitet seit 1998.
  Es werden Beratung und verschiedene Ausbildungsprogramme für Therapiehundeführer und die Ausbilder sowie Züchter angeboten.
  Weiterbildungsmöglichkeiten in Form von Kursen und Seminaren.
  Ein »Förderverein für Therapie- und Behindertenbegleithunde«, der 2004 gegründet wurde, unterstützt die genannten Tätigkeiten.
  Die im Jahre 2006 initiierte »Akademie für Therapie- und Behindertenbegleithunde« befindet sich noch im Aufbau.
  internet: www.therapiehunde-deutschland.de

- **»Interessengemeinschaft Therapiehunde« (IGTH)**
  Elke Schmid
  Saarstr. 3
  D-71282 Hemmingen
  Seit 1999 setzte sich die heutige Präsidentin der »IGTH«, Elke Schmid, für den Aufbau einer aktiven Gruppe ein.
  Nach Ausbildungen beim Schweizer VTHS zur Trainer- und Richterin nach Delta Society-Richtlinien, gründete sie zusammen mit Nicole Simetria und Susanne Müller im Jahre 2001 die IGTH.
  Etwa 70 Mitglieder engagieren sich im Großraum Stuttgart/Bodensee auf ehrenamtlicher Basis.
  Durchführung von Aus- und Weiterbildungs-Seminaren und Kursen nach den Grundlagen des VTHS.
  internet: www.ig-therapiehunde.de

- **»Wismarer Therapiebegleithunde e. V.«**
  Franz-Liszt-Str. 32
  D-23968 Wismar
  Im Jahre 2001 wurde nach zweijähriger Vorarbeit dieser Verein gegründet, der nach Vorbild und Richtlinien der Delta Society und dem VTHS erweiterte und verschiedene Aus- und Weiterbildungsseminare anbietet.
  Der Verein in Wismar/Mecklenburg-Vorpommern wird unter dem Vorsitz von Frau Merse Helms geführt und hat rund 30 ehrenamtlich tätige Mitglieder.
  Die Ausbildungsstätte befindet sich organisatorisch und räumlich unter einem Dach – zusammen mit dem neuen Wismarer Behandlungszentrum für tiergestützte Therapie, welches unter der Leitung der Ergotherapeutin Frau Cornelia Pahlow 2006 gegründet wurde.
  internet: www.wismarer-therapiehunde.de

- **»Deutscher Berufsverband für Therapie- und Behindertenbegleithunde e. V.« (DTBV)**
  Ines Pawlitzki
  Postfach 1235
  D-27732 Delmenhorst
  Von Frau Barbara Puhl wurde der »DTBV« im Jahre 2000 initiiert, mit dem vorrangigen Ziel, die staatliche Anerkennung eines neuen Berufsbildes und eine einheitliche Regelung mit den Krankenkassen und deren Abrechnungssystem zu erreichen.
  Unter dem neuen Vorsitz von Frau Ines Pawlitzki, hat sich seit dem Jahre 2003 die therapeutische Komponente im Ausbildungsbereich als Schwerpunkt des Engagements entwickelt.
  Der Berufsverband hat rund 60 aktive Mitglieder bundesweit.
  Neben den Ausbildungsseminaren zum Therapie- oder Behindertenbegleithunde-Team wird auch eine Ausbildung zum Trainer und Richter angeboten.
  internet: www.behindertenbegleithunde.de

- **»Berufsverband Therapiebegleithunde Deutschland e. V.« (TBDeV)**
  Geschäftsstelle: Kolpingstr. 1
  D-48565 Steinfurt
  Wurde nach vierjährigem Vorlauf im Jahre 2002 unter Vorsitz von Frau Petra-Kristin Petermann-Jbouri in Steinfurt gegründet.
  Der »TBDeV« hat etwa 60 Mitglieder bundesweit und im Ausland.
  Das Hauptanliegen der Therapeuten und Pädagogen war und ist die Professionalisierung des Einsatzes von Therapiebegleithunde-Teams in den verschiedensten therapeutischen, medizinischen und pädagogischen Bereichen.
  Die Qualitätssicherung und eine damit verbundene Anerkennung der Methode durch die Krankenkassen wird angestrebt.
  Es erfolgt eine wissenschaftliche Begleitung und Förderung des jeweiligen Einsatzes.
  Die Ausbildung zum »Therapiebegleithundeteam« kann nur von Mitgliedern, die beruflich als Therapeuten, Pädagogen, Psychologen und Mediziner (oder verwandten Berufszweigen) arbeiten – mit ihren eigenen Hunden – absolviert werden.
  internet: www.tbdev.de

- **»Münsteraner Institut für therapeutische Fortbildung und tiergestützte Therapie« (M.I.T.T.T.)**
  Kolpingstr. 1
  D-48565 Steinfurt
  Wurde im Jahre 2003 in Steinfurt gegründet und wird geleitet von Guido Huck.
  Das »M.I.T.T.T.« bietet berufsbegleitende Fortbildungen für Therapeuten, Ärzte und Pädagogen an, die mitmachen wollen bei der Qualitätssicherung ihrer fachlichen Tätigkeit und einen interdisziplinären Austausch mit ganzheitlichem Ansatz zu schätzen wissen.
  Zusätzlich bietet das Institut die Ausbildung zum »Steinfurter Therapiebegleithunde-Team« für den tiergestützten Einsatz an, dessen Grundlage die seit 1996 bestehende »Steinfurter Therapiebegleithund-Methode« von Denise und Guido Huck ist.
  internet: www.mittt.de

- **»Institut für soziales Lernen mit Tieren«**
  Ingrid Stephan
  Rotterfeld 1
  D-29690 Lindwedel / Wedemark
  Wurde von der Diplom-Sozialpädagogin Ingrid Stephan 1996 in der Wedemark bei Hannover gegründet. Seit 2001 wird mit einem mehrköpfigen Mitarbeiterteam und Dozentenkollegium eine berufsbegleitende Weiterbildung in »Tiergestützter Pädagogik und Therapie« für Erzieher und Pädagogen, sowie für Therapeuten aus den unterschiedlichsten Bereichen, angeboten.
  Ein interdisziplinäres Team arbeitet zusammen mit zwölf verschiedenen Haus- und Nutztierrassen – auch Hunden – in der jeweiligen therapeutischen oder pädagogischen Zielgruppe.
  Für Familien, deren Kinder sozial-emotional beeinträchtigt sind (vor allem mit Kommunikations- und Kontaktstörungen) werden seit 2003 einwöchige Kurzzeittherapien mit Hunden und anderen Haus- und Nutztieren durchgeführt.
  internet: www.lernen-mit-tieren.de

- **»Förderverein Tiergestützte Pädagogik, Therapie und Fördermaßnahmen e. V.«**
  1. Vorsitzende Kristina Skarke
  Hans-Böckler-Str. 3
  D-96050 Bamberg
  Zeitschrift des Vereins: »tiergestützte«, Redaktionsanschrift: Neuer Weg 15
  D-46049 Oberhausen, Redaktionsleitung: Eva-Maria Sense
  Entstand aufgrund einer Initiative von Absolventen und Dozenten der Weiterbildung am »Institut für soziales Lernen mit Tieren« unter Vorsitz von Kristina Skarke im Jahre 2005.
  Das Engagement der bisher rund 30 Mitglieder hat zwei Schwerpunkte: zum einen die Ausarbeitung von Oualitätsstandards für die tiergestützte Arbeit und deren Qualitätssicherung, zum anderen die Erstellung einer regelmäßigen Fachzeitschrift, der Titel ist »Tiergestützte« und Redaktionsleiterin ist Eva-Maria Sense, (Erstausgabe Mai 2006).
  internet: www.tiergestuetzte.de

- **»Forschungsgruppe TiPi – Tiere in Pädagogik integrieren«**
  Forschungsgruppe, Universität zu Köln, Heilpädagogische Fakultät
  Klosterstr. 79 c
  D-50931 Köln
  Arbeitet unter der Leitung von Dr. Klaus Fitting-Dahlmann seit 1999 an der heilpädagogischen Fakultät der Universität Köln an wissenschaftlichen Fragestellungen zur Integration von Tieren in die Pädagogik.
  Gründung einer Netzwerkzentrale »Tiergestützte Förderpädagogik« im Jahre 2005.
  internet: www.tipi-koeln.de

- **Universität Leipzig, Klinik und Poliklinik für Kinder- und Jugendpsychiatrie, Psychotherapie und Psychosomatik**
  Dr. Anke Prothmann
  Wundtstrasse 9
  D-04275 Leipzig
  Internet: www.tiere-als-therapie.de

4 Pfoten Tiergestützte Interaktion
Stefan Siman
Brunnenstr. 61
D-85598 Baldham
www.4pfoten-tiertherapie.de

Verein Mensch und Tier – Verein der Tiergestützten Therapie e.V.
Gerda A. Fischer (VTHS-Trainerin/Richterin)
Mühlendamm 10
D-19336 Viesecke
Telefon 0387 / 964 - 0396

Zentrum für Tiergestützte Heilpädagogik TGHP® / Wien
Mag. Dr. Andrea Vanek-Gullner, Heilpädagogin/Volks- und Sonderschullehrerin
Baumgartenstrasse 23/3
A-1140 Wien
www.tghp.at

TAT-Zweigstellen in Deutschland

Inge Meyer, TAT-St Johann / Rheinhessen
Auf dem Ewiger 16
D-55578 St. Johann
e-mail: Meyer.net@t-online.de

Martina Kresse, TAT-Deutschland
Vor dem Siegen 29
D-34355 Stauffenberg/Speele
e-mail: TATGermanyKresse@aol.com

Daniela Weiler, TAT-Bayern
Sebastian-Kneipp-Gasse 6 A
D-86152 Augsburg
e-mail: tat-bayern@web.de

Hinweis für weitere Informationen:
www.tiergestuetzte-therapie.de
Das unabhängige Portal zur tiergestützten Therapie/Pädagogik für Deutschland, Österreich und die Schweiz

Adressen zum Thema Hygienefragen
Dr. Schwarzkopf ist Facharzt für Mikrobiologie und Infektionsepidemiologie. Er arbeitet darüber hinaus als Sachverständiger für Krankenhaushygiene und hat in mehreren Stellungnahmen den Einsatz von Therapiehunden aus hygienischer Sicht befürwortet. Er ist seit 1991 im Verein »Tiere helfen Menschen« aktiv und gehört dessen wissenschaftlichem Beirat an.
Kontakt: andreasschwarzkopf@labor-ls.de

Dr. Claus ist Arzt und Tierarzt. Seine Untersuchungen und die Dissertation befassten sich mit der Wirkung von Tierkontakten auf Krankenhauspatienten durch die Haltung von Tieren und Tierbesuchen im Krankenhaus. Seit 1999 arbeitet er als Arzt an einer Universitätsklinik für Kinder- und Jugendpsychiatrie, in der auch Therapiehunde-Teams eingesetzt werden. Kontakt: arminclaus@gmx.de

Die Kontaktadressen sind keine Empfehlungen und erheben keinen Anspruch auf Vollständigkeit.

Quellenangaben und Literaturhinweise

Anhang »Wegweisende Veröffentlichungen«

- Anderson, R.K. (Hrsg.): *Pet animals in society,* New York, 1975 und Anderson et.al. (Hrsg.): *The pet connection – its influence on our health and quality of life*, Minneapolis, 1984.
- Fine, A. (Hrsg.): *Handbook on Animal Assisted Therapy. Theoretical foundations and guidelines for practice,* San Diego, 2000.
- Fogle, B. (Hrsg.): *Interrelations between people and pets«,* Springfield, 1981 *und Pets and their people,* London, 1983.
- McCulloch, M.J.: *Animal facilitated therapy – overview and future direction*, in: *California Veterinarian* No 8, 1981.
- Poresky R.H. und Hendrix C.: *Development benefits of pets for young children. People, animals and the enviroment; exploring our interdependence,* Delta Society, 1988.
- Porensky R.H. und Hendrix, C.: *Companion animal bonding, children's home environments and young children's social development,* Kansas City, 1989.
- Serpell, J.A.: *In the company of animals – a study of human-animal relationship,* Oxford, 1986.

Wobei die beiden Autoren McCulloch und Serpell – zusammen mit weiteren namhaften Forschern wie Beck, Messent, Olsen und Robin – durch einige richtungsweisende Beiträge in den Sammelausgaben von Katcher und Friedmann, Anderson und Foglo vertreten sind

Sie alle brachten den endgültigen Durchbruch – die Erforschung der Mensch-Tier-Beziehung, und damit die Entwicklung tiergestützter Projekte, war nicht mehr aufzuhalten.

Darüber hinaus sind folgende richtungsweisende Veröffentlichungen im deutschsprachigen Raum erschienen, die auf den praktischen Einsatz von Hunden in tiergestützter Arbeit weitreichenden Einfluss hatten – und auch heute noch haben.

- Beetz, A. und Ford G.: *Tiere als therapeutische Begleiter,* Tagungsband Stuttgart 12/2000, Eigenverlag Verein »Tiere helfen Menschen e.V.«, Würzburg, 2001.
- Bergler, R.: *Mensch & Hund. Psychologie einer Beziehung,* Köln, 1986.
- Bergler, R.: *Warum Kinder Tiere brauchen,* Freiburg i.Br.,1994.
- Bergler R.: *Gesund durch Heimtiere. Beiträge zur Prävention und Therapie gesundheitlicher und seelischer Risikofaktoren,* Köln, 2000.
- Böttger, S.: *Tiergestützte Therapie in der neurologischen Frührehabilitation,* Konzept – Krankenhaus München Harlaching, Abt. Neurologie.

- Claus, A.: *Tierbesuch und Tierhaltung im Krankenhaus,* Promotionsarbeit an der Tierärztlichen Fakultät der Ludwig-Maximilians-Universität München, 2000. Eigenverlag, Verein »Tiere helfen Menschen e.V.«.
- De Smet, S.: *Die Bedeutung der Haustiere für die seelische Situation von Erwachsenen,* Diplomarbeit Universität Hamburg, 1983.
- Ford, G., Olbrich, E. (Hrsg.): *Tiere helfen Menschen,* Tagungsband des Vereins »Tiere helfen Menschen e.V.«, Würzburg.
- Fuchswans, E.: *Auswirkungen der Tier-unterstützten Therapie auf die psychische und physische Befindlichkeit geriatrischer Patienten,* Studie des »Geriatriezentrums am Wienerwald«, Wien. o.J..
- Gäng, Marianne (Hrsg.): *Mit Tieren leben im Alten- und Pflegeheim,* München, 1992, überarbeitete 2. Auflage *Mit Tieren leben im Alter,* 2005.
- Greiffenhagen, Sylvia: *Tiere als Therapie. Neue Wege in Erziehung und Heilung,* München, 1991.
- Gusella, S.: *Resozialisierung durch vier Pfoten. Wie die Mensch-Tier-Beziehung Menschen hilft, ihr Leben zu gestalten.* Diplomarbeit im Studiengang Sozialarbeit, Ev. FH Rheinland-Westfalen-Lippe, Bochum, 1997.
- Guttmann, G., Predovic, M. und Zemanek, M.: »Einfluss der Heimtierhaltung auf die nonverbale Kommunikation und die soziale Kompetenz bei Kindern,« in: *Die Mensch-Tier-Beziehung.* – Dokumentation des Internationalen Symposiums; IEMT, Wien, 1983.
- IEM/Institut für interdisziplinäre Erforschung der Mensch-Tier-Beziehung *Auswirkungen von Hunden auf die soziale Integration von Kindern in Schulklassen,* Forschungsprojekt 2001.
- Kuratorium Deutsche Altenhilfe (Hrsg.): *Ein Plädoyer für die Tierhaltung in Alten- und Pflegeheimen,* Köln, 1992.
- Kusztrich, I.: *Haustiere helfen heilen. Tierliebe als Medizin,* Genf, 1988.
- Kusztrich, I.: *Dreimal täglich streicheln. Die verblüffende Heilkraft der Tierliebe,* Berlin, 1992.
- Olbrich, E.: »Tiere als Therapeuten« in *Altenpflege* 2, 1987.
- Olbrich, E.: *Soziale Unterstützung im Alter. Die Rolle von Mensch und Tier,* Universität Erlangen-Nürnberg, Institut für Psychologie, 1987.
- Olbrich, E.: *Ein wärmendes Stück Leben. Die Bedeutung der Mensch-Tier-Beziehung im Alter* in *Altenpflege 7,* 1989.
- Olbrich, E.: *Tiere in Altenheimen,* Studie 1990.
- Olbrich, E.: *Die Bedeutung von Heimtieren für Gesundheit und Lebensqualität älterer Menschen.* In: Mertens (Hrsg.) Aktivierungsprogramm für Senioren, Dortmund, 1996.
- Olbrich E.: *Tiere in der Therapie. Zur Basis einer Beziehung und ihrer Erklärung.* In: *Wissenschaftliche Artikel und Referate zum Thema Tiergestützte Therapie,* Verein »Tiere helfen Menschen e. V.«, Würzburg, 1997.
- Olbrich E.: *Zur Ethik der Mensch-Tier-Beziehung aus der Sicht der Verhaltensforschung.* In: Olbrich E. und Otterstedt C.: *Menschen brauchen Tiere,* Stuttgart, 2003.
- Prothmann, A.: *Verhaltensmuster psychisch auffälliger Kinder und Jugendlicher in der tiergestützten Therapie – eine Interaktionsanalyse,* Dissertation Universität Leipzig, Shaker Verlag, 2005.
- Prothmann A., Schaumberg, A., Ettrich, C.: *Ein Projekt zur Untersuchung interspezifischer Kind-Hund-Interaktionen,* Pilotstudie 2000, Eigenverlag »Tiere helfen Menschen e.V.«.
- Prothmann A., Schaumberg, A., Ettrich C.: »Die diagnostische Bedeutung der tierge-

stützten Therapie mit Hunden in der Jugendpsychiatrie,« in: *Bewahren und und Verändern – 75 Jahre Kinder- und Jugendpsychiatrie*, Uni Leipzig, Tagungsband des wissenschaftlichen Symposiums, 2002.

- Retzlaff B.: *Zur Schule mit Jule,* Langzeitbeobachtung »Sozialpartner Hund im Unterricht« Vortrag anl. des Seminars »Tiere in der Schule«, Berlin, 2002.
- Rupprecht, R., Schmidt, D., Olbrich, E.: *Alte Menschen und Tiere.* Abschlussbericht zum Forschungsprojekt, Institut für Psychologie der Friedrich-Alexander-Universität, Erlangen-Nürnberg, 1989.
- Seifert, B., Klöhn, B.: *Der Hundebesuchsdienst des Vereins »Leben mit Tieren e. V.*, Mariposa, Berlin, 1998.
- Serpell, J.: *Das Tier und wir. Eine Beziehungsstudie,* Zürich, 1990.
- Schwarzkopf A.: »Hygiene: Voraussetzung für Therapie mit Tieren,« in: Olbrich, E. und Otterstedt, C. (Hrsg): *Menschen brauchen Tiere,* Stuttgart, 2003.
- Tiere als Therapie e.V. (Hrsg.) Tagungsband des 1. Internationalen TAT-Symposiums: Tiere als Therapie – Theorie und Praxis, 2002.
- Tiere als Therapie e.V. (Hrsg.) Tagungsband des 2. internationalen TAT-Symposiums: Tiere als Therapie – Theorie und Praxis , 2004
- Vanek, A.: *Das Konzept 'Tiergestützte Heilpädagogik – TGHP' – ein individualpsychologischer Beitrag zur Verbesserung der Lebensqualität verhaltensauffälliger Kinder,* Dissertation, Wien, 2002.
- Vereinigung Filia Brünn (Hrsg.): *Sammelband der Seminarbeiträge des »Internationalen Seminars zur Tiergestützten Therapie«* in Brünn, Tschechische Rep., 2004.
- Weber, S.: *Der therapeutische Wert des Hundes für Kinder.* Diplomarbeit /Ergotherapiepraxis Petermann, FH Nürnberg, 1998.
- Zemanek, M.: *Motivation zur Heimtierhaltung,* Dissertation Wien, 1981.
- Zieger, A.: »Erfahrungen mit Tieren in der Betreuung von schwerst-hirngeschädigten Menschen im Koma und Wachkoma und ihren Angehörigen« in: Olbrich E. und Otterstedt C.: *Menschen brauchen Tiere,* Stuttgart, 2003.

Literaturangaben / -hinweise

Bergler R., Haase D., Schneider B., Wemhoff M.:
Gesundheit durch Heimtiere, Beiträge zur Prävention und Therapie gesundheitlicher Risikofaktoren,
Deutscher Institutsverlag, Köln 2000.

Feddersen-Petersen, Dorit Urd:
Hunde und ihre Menschen, Kosmos 2001, 2. Aufl.

Feddersen-Petersen, Dorit Urd:
Hundepsychologie, Kosmos 2004, 4. Aufl.

Gäng, Marianne-Turner, Dennis C. (Hrsg.):
Mit Tieren leben im Alter, Ernst Reinhardt Verlag, 2005, 2. Aufl.

Greiffenhagen, Sylvia & Buck-Werner, Oliver N.:
Tiere als Therapie. Neue Wege in Erziehung und Heilung, Kynos Verlag, 2007.

Hornsby, Alison:
Hunde helfen Menschen, Kynos Verlag, 2000.

Niepel, Gabriele:
Mein Hund hält mich gesund: Der Hund als Therapeut für Körper und Seele, Naturbuch-Verlag, 1998.

Olbrich, Erhard – Otterstedt, Carola:
Menschen brauchen Tiere, Franckh-Kosmos, 2003.

Otterstedt, Carola:
Tiere als therapeutische Begleiter, Franckh-Kosmos, 2001.

Rugaas, Turid:
Calming Signals – Die Beschwichtigungssignale der Hunde, Animal Learn, 2001, 2. Aufl.

Schlapphack, Prof. Dr. med. Otto:
G'sund mit Hund / Die gesundheitsfördernden Effekte der Beziehung zwischen Mensch und Tier, Loeben 1998.

Darüber hinaus gibt es einige Veröffentlichungen und Lehrmaterialien zum Thema »Tiergestützte Arbeit mit dem Hund«, die über

- »iemt« in der Schweiz (www.iemt.ch)
- »I.E.T.« in der Schweiz (www.turner-iet.ch)
- »iemt« in Österreich (www.iemt.at)
- »Tiere helfen Menschen e.V.« (www.thmev.de)
- »Forschungskreis Heimtiere in der Gesellschaft« (www.mensch-heimtier.de)
- »Hunde helfen Menschen e.V.« (www.hunde-helfen-kids oder e-mail: Hunde-helfen-Menschen@t-online.de)

zu beziehen sind.

Dissertationen und Diplomarbeiten

Das wachsende Interesse an der Mensch-Tier-Beziehung hat in den Fakultäten der deutschsprachigen Länder zur Folge, dass sich in letzter Zeit vermehrt Studenten und Lehrgangs-Absolventen in ihren Dissertationen, Magister- und Diplomarbeiten auch mit dem Thema tiergestützter Pädagogik, Therapie und Fördermaßnahmen beschäftigen. Einige von ihnen haben sich speziell mit dem Einsatz von Therapiehunden in den verschiedensten Bereichen auseinandergesetzt :

- Bieber, E.: *Therapie auf vier Pfoten,* Diplomarbeit, Akademie für den Physiotherapeutischen Dienst am Wilhelminenspital, Wien, 2004.
- Bortenschläger, H.: *Spiele aus der Praxis / Förderungsmöglichkeiten tiergestützter Therapie im Schulbereich,* TAT OÖ

- Bull, A.: *Anstiftung zur Arbeit mit Tieren – über die pädagogische Arbeit mit Tieren in Berliner Schulen und Tagesstätten,* Diplomarbeit, TU Berlin, 2002.
- Burgstaller, Martina: *Der Einsatz von Tieren als unvoreingenommene Co-Pädagogen im Rahmen der tiergestützten Pädagogik in der Allgemeinen Sonderschule bei lern- und geistig behinderten Kindern* (o.J./ TAT).
- Gärtner, N.: *Der heilsame Einfluss des Co-Therapeuten Hund,* Diplomarbeit im Fach Erziehungswissenschaft, Universität Köln, 2004.
- Glaser, G.: *Am Anfang war der Wolf? Heute ist der Cousin des Wolfes Co-Therapeut, Eisbrecher und Schlüssel zur Seele!* Hausarbeit, TAT-Universitätslehrgang 1, Wien.
- Haubenhofer, D.: *Höhe der Stressbelastung von Mensch und Hund während der Ausbildung für die Arbeit im Bereich der tiergestützten Therapie,* Diplomarbeit, Fachbereich Naturwissenschaften/Pharmazie, Institut für Anthropologie, Universität Wien, 2003.
- Hengsberger, D.: *Einsatz von Hunden als Co-Pädagogen – Vorteile in der Arbeit mit weiblichen Jugendlichen im Rahmen der stationären Unterbringung,* Hausarbeit, TAT-Universitätsjahrgang 1, Wien.
- Kysela, A.: *Überlegungen zum Einsatz der Tiergestützten Therapie bei Schädel-Hirn-Verletzten und dem Konzept der Basalen Stimulation in der Pflege,* Hausarbeit, TAT-Universitätsjahrgang 1, Wien.
- Maierhofer, E.: *Der Einsatz des Hundes in der tiergestützten Pädagogik und Therapie zur Förderung von Kindern mit geistiger Behinderung,* Diplomarbeit im Studienfach Allgemeine Sonderpädagogik, 2004.
- Palla, C.: *Auswirkung einer tiergestützten Therapie auf die Depression geriatrischdepressiver Pflegeheimpatienten,* Diplomarbeit, Psychologisches Institut, Universität Wien, 2002.
- Prem, M.: *Kommunikation Mensch-Tier in 'Tierunterstützten Therapien',* Diplomarbeit, Lehranstalt für heilpädagogische Berufe, Graz 2003.
- Slotta-Bachmayr, L.: *Der Therapiehund im Katastropheneinsatz – wie Hunde helfen können, dass Menschen Katastrophen oder belastende Einsätze besser verarbeiten,* Hausarbeit, TAT-Universitätslehrgang 1.
- Widder, H.: *Entstehung und Entwicklung tiergestützter Therapie und tiergestützter Pädagogik – Konzepterstellung für die tiergestützte Arbeit mit verhaltensauffälligen Kindern und Jugendlichen,* Hausarbeit, TAT-Universitätslehrgang 1, Wien, 2005.

Zusätzlich empfehlenswert:
Robert Koch Institut, Gesundheitsbericht des Bundes (19)
Weber, A. und Schwarzkopf, A. (2003):
Heimtierhaltung – Chancen und Risiken für die Gesundheit.

Weitere Informationen zu Dissertationen und Diplomarbeiten geben

- »Tiere helfen Menschen e.V.«
  (www.thmev.de)
  und
- »Tiere als Therapie«
  (www.tierealstherapie.org)